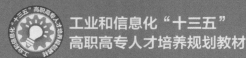
工业和信息化"十三五"
高职高专人才培养规划教材

Excel 2010

办公应用 | 实例教程 第2版

Office Application of Excel 2010

赖利君 赵守利 ◎ 主编

冯梅 姚海容 马清艳 ◎ 副主编

U0258114

人民邮电出版社

北京

图书在版编目（ＣＩＰ）数据

Excel 2010办公应用实例教程：第2版 / 赖利君，
赵守利主编. -- 2版. -- 北京：人民邮电出版社，
2016.12（2024.3重印）
工业和信息化"十三五"高职高专人才培养规划教材
ISBN 978-7-115-43692-4

Ⅰ. ①E… Ⅱ. ①赖… ②赵… Ⅲ. ①表处理软件—高
等职业教育—教材 Ⅳ. ①TP391.13

中国版本图书馆CIP数据核字（2016）第231166号

内 容 提 要

本书以 Microsoft Excel 2010 为环境，从实际应用出发，以工作项目和任务为驱动，将 Excel 软件的学习与实际应用技能有机结合。书中利用大量来源于实际工作的案例，对 Excel 2010 软件的使用进行了详细的讲解。

全书以培养职业能力为目标，本着"实践性与应用性相结合""课内与课外相结合""学生与企业、社会相结合"的原则，按工作部门分篇，将实际操作案例引入到教学中。每个项目都采用"【项目背景】→【项目效果】→【知识与技能】→【解决方案】→【项目小结】→【拓展项目】"的结构，详细讲解了 Excel 软件在行政、人力资源、市场、物流、财务等工作情境中的应用。本书思路清晰，结构新颖，应用性强。

本书可作为职业院校学生学习 Excel 相关课程的教材，也可作为实例辅导教材，还可供使用 Excel 办公软件的人员参考。

◆ 主　　编　赖利君　赵守利
　　副主编　冯　梅　姚海容　马清艳
　　责任编辑　刘　琦
　　执行编辑　朱海昀
　　责任印制　焦志炜

◆ 人民邮电出版社出版发行　　北京市丰台区成寿寺路 11 号
　　邮编　100164　　电子邮件　315@ptpress.com.cn
　　网址　http://www.ptpress.com.cn
　　北京天宇星印刷厂印刷

◆ 开本：787×1092　1/16
　　印张：13.25　　　　　　　　2016 年 12 月第 2 版
　　字数：302 千字　　　　　　2024 年 3 月北京第 11 次印刷

定价：35.00 元

读者服务热线：(010)81055256　印装质量热线：(010)81055316
反盗版热线：(010)81055315

**第2版
前 言 FOREWORD**

作为 Microsoft Office 系列办公软件的一个重要组成部分，Excel 是人们日常工作和生活中的理想工具。它除了具有强大而完善的数据运算功能外，还提供了丰富的函数工具，强大的数据管理、分析工具，数据透视工具，统计工具，辅助决策工具等，被广泛地应用于管理、统计、财会、金融等众多领域中。

本书通过案例教学的方式，详细讲解了 Excel 2010 软件的使用。编者希望通过本书的学习和练习，帮助读者提高应用 Excel 软件的能力。

1．本书内容

全书共分为 5 篇，从一个公司具有代表性的工作部门出发，根据各部门实际工作的需求，介绍了大量日常工作中实用的文档制作方法。

第 1 篇为行政篇，讲解了设计会议记录表、会议室管理、文档归档管理、办公用品管理等与行政部门相关的典型案例。

第 2 篇为人力资源篇，讲解了员工聘用管理、员工培训管理、员工信息管理、员工工资管理等与人事部门相关的典型案例。

第 3 篇为市场篇，讲解了商品信息管理、客户信息管理、商品促销管理、销售数据管理等与销售部门有关的典型案例。

第 4 篇为物流篇，讲解了商品采购管理、商品库存管理、商品进销存管理、物流成本核算等与物流部门相关的典型案例。

第 5 篇为财务篇，通过讲解投资决策分析、本量利分析、往来账务管理、财务报表管理，详细介绍了 Excel 软件在财务管理中的应用。

2．体系结构

本书的每个案例都采用了"【项目背景】→【项目效果】→【知识与技能】→【解决方案】→【项目小结】→【拓展项目】"的结构。

（1）项目背景：简明扼要地分析了项目的背景资料和要做的工作。

（2）项目效果：展示了项目完成后的效果。

（3）知识与技能：提炼了项目涉及的知识和技能点。

（4）解决方案：将项目分解成若干个工作任务，并给出完成任务的详细操作步骤，并穿插"活力小贴士"栏目来帮助理解。

（5）项目小结：对项目中所用的知识和技能进行归纳总结。

（6）拓展项目：设计了让读者能自行完成，并能举一反三的项目，加强读者对知识和技能的理解。

3．本书特色

本书以"实践性与应用性相结合""课内与课外相结合""学生与企业、社会相结合"为原则，通过实际工作项目和任务引领学生学习相关知识，培养相关技能，提升自身的综合职业素质和能力，真正实现做中学、学中做的教学模式。

本书在编写过程中，参考了相关文献资料，在此向这些文献资料的作者表示感谢。本书素材中使用的数据均为虚拟数据，如有雷同，纯属巧合。

为方便读者学习，本书还提供了电子课件和示例文件，读者可登录人民邮电出版社的人邮教育社区（http://www.ryjiaoyu.com）进行下载。

本书由赖利君、赵守利担任主编，冯梅、姚海容、马清艳担任副主编。由于编者水平有限，书中难免有疏漏之处，望广大读者提出宝贵意见。

编　者

2016 年 10 月

目录 CONTENTS

第 5 篇 财务篇

第①篇 行政篇

行政管理部门作为企业日常工作的一个重要组成部分，平时需要处理的事务十分繁杂，经常需要有条不紊地处理一些日常的事务和管理工作。本篇将以行政部门常用的几种管理表格为例，介绍 Excel 软件在行政管理方面的应用。

项目 1 设计会议记录表

示例文件	原始文件：示例文件\素材文件\项目 1\公司会议记录表.xlsx
	效果文件：示例文件\效果文件\项目 1\公司会议记录表.xlsx

1.1.1 项目背景

公司在行政管理工作中，经常会有一些大大小小的会议，比如通过会议来进行某项工作的分配、某个文件精神的传达或某个议题的讨论等，这就需要制作会议记录表来记录会议主题、会议时间、主要内容、形成的决定等。本项目将利用 Excel 制作一份会议记录表。案例主要涉及表格的创建、表格内容的编辑、表格格式的设置。

1.1.2 项目效果

图 1-1 所示为公司会议记录表的效果图。

公司会议记录表

会议主题		会议地点	
会议时间	主持人	记录人	
参会人员			
会议内容			
反映的问题	解决方案	执行部门	执行时间
备注			

图 1-1 "会议记录表"效果图

1.1.3 知识与技能

- 新建工作簿、保存工作簿
- 重命名工作表、删除工作表
- 合并单元格、文本对齐方式、自动换行
- 设置字体、字号
- 设置行高、列宽
- 设置表格边框
- 打印预览

1.1.4 解决方案

任务 1 创建并保存工作簿

（1）新建工作簿。

① 单击【开始】按钮，选择【所有程序】→【Microsoft Office】→【Microsoft Excel 2010】命令，启动 Excel 2010 应用程序。

② 启动 Excel 程序后，系统自动创建一个名为"工作簿 1"的空白工作簿，如图 1-2 所示。

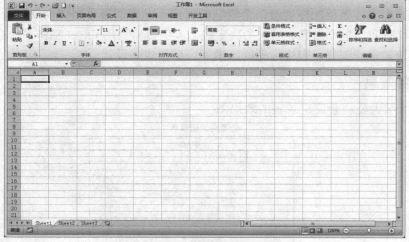

图 1-2 新建的空白工作簿

活力
小贴士

启动 Excel 软件常用的操作方法如下。

① 单击【开始】→【所有程序】→【Microsoft Office】→【Microsoft Office Excel 2010】，启动该软件。

② 双击桌面上的快捷图标，如 Excel 2010 。

③ 选择【开始】→【运行】命令，打开图 1-3 所示的【运行】对话框，在【打开】组合框中输入"Excel.exe"，单击【确定】按钮。

④ 在磁盘上找到安装好的 Excel 程序文件，鼠标双击该文件。

⑤ 打开磁盘上已经存在的 Excel 文档，通过文档与程序的关联来启动 Excel。

图 1-3 【运行】对话框

（2）保存工作簿。

以"公司会议记录表"为名将新建的工作簿保存在"D:\公司文档\行政部\"文件夹中，具体操作步骤如下。

① 选择【文件】→【保存】命令，打开【另存为】对话框。

② 在【另存为】对话框中，默认的保存位置为"库\文档"，在左侧【导航窗格】中选择"D:\公司文档\行政部"为保存路径，在右侧的【文件名】文本框中输入文件名"公司会议记录表"，保存类型为默认的"Excel 工作簿"，即".xlsx"格式文件。设置完成后的"另存为"对话框如图 1-4 所示。

③ 单击【保存】按钮，完成文件的保存。

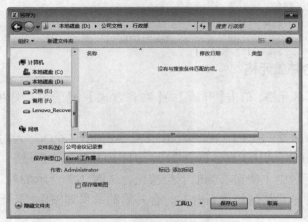

图 1-4　【另存为】对话框

活力
小贴士

① 保存文件也可单击【自定义快速访问工具栏】中的【保存】按钮，这样会更加快捷，按钮如图 1-5 所示。

② 无论采用哪种操作对文件进行保存，只要是第一次对文件进行保存，总是会出现图 1-4 所示的【另存为】对话框。

③ 为了避免文档内容的丢失，保存操作可以在其后的编辑过程中随时进行，其快捷操作为【Ctrl】+【S】组合键。

图 1-5　工具栏上的"保存"按钮

任务 2　重命名工作表和删除多余工作表

（1）双击"Sheet1"工作表标签，进入标签重命名状态，输入"会议记录"，按【Enter】键确认。

活力
小贴士

重命名工作表还有如下的操作方法。

① 选择需要重命名的工作表，单击【开始】→【单元格】→【格式】→【重命名工作表】，输入新的工作表名称，按【Enter】键确认。

② 鼠标右键单击要重命名的工作表标签，从弹出的快捷菜单中选择【重命名】命令，输入新的工作表名称，按【Enter】键确认。

（2）按住【Ctrl】键，同时选中"Sheet2"和"Sheet3"工作表，鼠标右键单击所选的任一工作表，从弹出的快捷菜单中选择【删除】命令，删除选中的工作表。

任务 3 输入表格内容

（1）选中 A1 单元格，输入表格标题"公司会议记录表"。

（2）参照图 1-6 所示，输入表格其余内容。

图 1-6 "公司会议记录表"内容

任务 4 合并单元格

（1）选中 A1:F1 单元格，单击【开始】→【对齐方式】→【合并后居中】按钮 ，将选中的单元格合并。

（2）分别选中 B2:C2、E2:F2、B4:F4、B5:F5、A6:B6、C6:D6、A7:B7、C7:D7、A8:B8、C8:D8、A9:B9、C9:D9、A10:B10、C10:D10、B11:F11 单元格区域，单击【开始】→【对齐方式】→【合并后居中】按钮右侧的下拉按钮，从图 1-7 所示的列表中选择【合并单元格】命令，将选中的单元格区域进行合并，合并后的效果如图 1-8 所示。

（3）保存文件。

图 1-7 "合并单元格"命令　　　　图 1-8 合并后的"公司会议记录表"

任务 5 设置表格的文本格式

（1）设置表格标题格式。将表格标题文字的格式设置为：黑体、20 磅，操作如下。

① 选中标题单元格 A1。

② 单击【开始】→【字体】工具栏上的按钮，将字体设置为"黑体"、字号设置为"20"。

（2）设置表格内文本的格式。

① 选中 A2:F11 单元格区域。

② 单击【开始】→【字体】工具栏上的按钮，将字体设置为"宋体"、字号设置为"12"。

③ 按住【Ctrl】键，同时选中表格中已输入内容的单元格区域，单击【开始】→【对齐方式】工具栏上的【居中】按钮，将对齐方式设置为"水平居中"。

④按住【Ctrl】键，同时选中 B4、B5、A7:C10、B11 单元格区域，单击【开始】→【对齐方式】工具栏上的【自动换行】按钮 ≣ 自动换行，将选中的单元格区域设置为自动换行。

任务6 设置表格行高

（1）调整表格标题的行高。

① 将鼠标指针指向第 1 行和第 2 行的交界处。

② 按住鼠标左键向下拖动至行高标示为"48"时，松开鼠标，如图 1-9 所示，调整好的表格标题行的行高为 48。

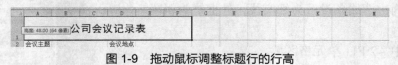

图 1-9　拖动鼠标调整标题行的行高

（2）调整表格中第 2、3、6 行的行高为 25。

① 选中表格第 2、3、6 行。

② 选择【开始】→【单元格】→【格式】→【行高】命令，打开"行高"对话框，输入行高值"25"，如图 1-10 所示。

③ 单击【确定】按钮。

（3）按上述操作，调整表格中第 4、7、8、9、10、11 行的行高为 50。

（4）使用鼠标指针调整第 5 行的行高。

将鼠标指针指向"会议内容"一行的下框线，当鼠标指针变为"÷"状态时，按住鼠标左键向下拖动，设置"会议内容"一行的行高为 280 左右。

设置行高后的表格效果如图 1-11 所示。

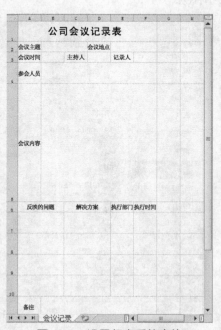

图 1-10　"行高"对话框　　　　**图 1-11　设置行高后的表格**

任务 7　设置表格列宽

（1）选中表格 A:F 列。

（2）当鼠标指针指向任意两列的列标交叉处后双击鼠标，被选中的会根据列中内容的长度自动分配合适的列宽。

任务 8　设置表格边框

将表格内边框线条设置为细实线，外框线为粗匣框线。

（1）选中 A2:F11 单元格区域。

（2）单击【开始】→【字体】→【框线】按钮 右侧的下拉按钮，在下拉菜单中选择"所有框线"命令，如图 1-12 所示。

（3）再次单击【框线】按钮右侧的下拉按钮，在打开的下拉菜单中选择"粗匣框线"命令。

（4）保存文档。

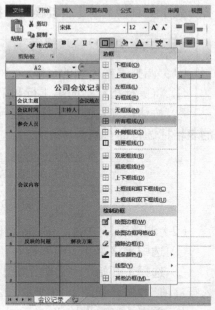

图 1-12　设置表格边框

任务 9　打印预览表格

（1）单击【文件】→【打印】命令，显示即将打印的表格效果，如图 1-13 所示。

（2）观察窗口右侧，发现页面右边留有很多空白。此时，可单击右下角的【显示边距】，显示页边距调控点。

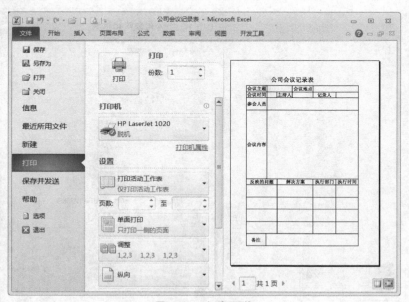

图 1-13　打印预览

（3）根据页面适当增加各列的列宽，使表格布满整个页面，如图 1-14 所示。

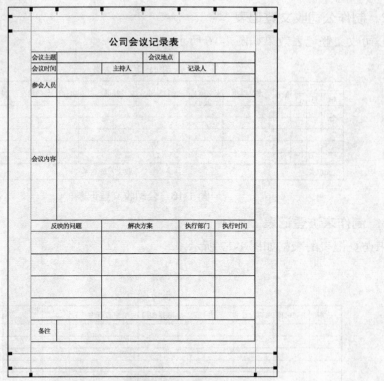

图 1-14　在预览视图中调整列宽

1.1.5　项目小结

本项目通过制作"公司会议记录表",主要介绍新建工作簿、保存工作簿、重命名工作表、删除工作表等创建和编辑 Excel 文档的基本操作。在此基础上,通过合并单元格,设置文本对齐方式,自动换行,设置字体和字号、调整行高和列宽、设置表格边框等操作,读者可学习表格编辑和格式化常用的操作方法;并通过在打印预览视图下对表格进行进一步设置,制作出一份美观实用的表格。

1.1.6　拓展项目

1. 制作公司文件传阅单

公司文件传阅单效果如图 1-15 所示。

科源有限公司文件传阅单

来文单位		收文时间		文号		份数	
文件标题							
传阅时间	领导姓名		阅退时间		领导阅文批示		
备注							

图 1-15　公司文件传阅单

2. 制作公司收文登记表

公司收文登记表效果如图 1-16 所示。

公司收文登记表

收文日期			编号	来文单位	来文原号	秘密性质	件数	文件标题或事由	附件	处理情况	归档号	备注
年	月	日										

收文机关：   收文人员签字：

图 1-16　公司收文登记表

3. 制作来访登记表

来访登记表的表格如图 1-17 所示。

科源有限公司
来访登记表

日期	来访时间	来访人姓名	证件登记	联系部门	来访事由	来访人签字	来访人联系方式	接待人签字	备注

图 1-17　来访登记表

项目 2　会议室管理

示例文件	原始文件：示例文件\素材文件\项目 2\公司会议室管理表.xlsx
	效果文件：示例文件\效果文件\项目 2\公司会议室管理表.xlsx

1.2.1　项目背景

各企事业单位在日常工作中，往往会有定期或不定期的会议，需要使用会议室来布置相关事宜。为确保合理有效地使用会议室，需要使用会议室的部门应该提前向行政部门提出申请，说明使用时间和需求，行政部门则依此制定出相应的会议室使用安排。行政部可以通过制作 Excel 提醒表，协调各部门的申请，提高会议室的使用效率。本项目通过制作"公司会议室管理表"，来介绍 Excel 软件在会议室管理方面的应用。

1.2.2 项目效果

图 1-18 所示为公司会议室使用安排表。

公司会议室使用安排表

日期	时间段		使用部门	会议主题	会议地点	备注
2016-6-20	上午	8:30 10:30	行政部	总经理办公会	公司1会议室	
	下午	14:30 16:00	人力资源部	人事工作例会	公司3会议室	
		14:30 15:30	财务部	财务经济运行分析会	公司2会议室	
2016-6-21	上午	9:30 11:00	人力资源部	新员工面试	公司1会议室	
	下午	14:00 15:00	行政部	1号楼改造方案确定会	公司3会议室	
		15:30 17:30	行政部	质量认证体系培训	多功能厅	
2016-6-22	上午	10:00 11:30	市场部	合同谈判	公司1会议室	
	下午	14:30 16:30	财务部	预算管理知识学习	多功能厅	
2016-6-23	上午	9:00 11:00	物流部	物资采购协调会	公司2会议室	
	下午	15:30 16:30	市场部	6月销售总结	公司3会议室	
2016-6-24	上午	9:00 12:00	人力资源部	新员工培训	多功能厅	
	下午	14:00 17:00	人力资源部	新员工培训	多功能厅	

图 1-18 会议室管理表

1.2.3 知识与技能

- 工作簿的创建
- 工作表重命名
- 设置单元格格式
- 工作表格式的设置
- 条件格式的应用
- 函数 TODAY、NOW 的使用
- 取消网格线

1.2.4 解决方案

任务1 创建工作簿、重命名工作表

（1）启动 Excel 2010，新建一空白工作簿。

（2）将创建的工作簿以"公司会议室管理表"为名保存在"D:\公司文档\行政部"的文件夹中。

（3）将"公司会议室管理表"工作簿中的 Sheet1 工作表重命名为"重大会议日程安排提醒表"。

任务2 创建"公司会议室管理表"

（1）在"重大会议日程安排提醒表"工作表中输入标题。在 A1 单元格中输入"公司会议室使用安排表"。

（2）输入表格标题字段。在 A2:H2 单元格中分别输入各个字段的标题内容，如图 1-19 所示。

9

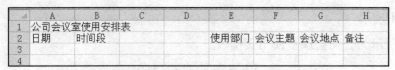

图 1-19　重大会议日程安排提醒表标题字段

任务 3　输入会议室使用安排

参照图 1-20 在"重大会议日程安排提醒表"中输入会议室使用的相关信息。

图 1-20　会议室使用的相关信息

活力
小贴士

本案例是以'2016-6-21'作为当前系统的日期的，故该会议室使用安排表为"2016-6-20 至 2016-6-24"所在一周的日程。若读者想要到达案例效果，请适当修改日期。

任务 4　合并单元格

（1）将表格标题单元格合并后居中。

① 选中 A1:H1 单元格区域。

② 单击【开始】→【对齐方式】→【合并后居中】按钮 ，将选中的单元格合并。

活力
小贴士

合并单元格的操作还有：选定要合并的单元格，单击【开始】→【单元格】→【格式】按钮，打开图 1-21 所示的【格式】菜单，选择【设置单元格格式】命令，打开【设置单元格格式】对话框，单击【对齐】选项卡，如图 1-22 所示。选中【文本控制】中的"合并单元格"复选框。若要实现"合并后居中"，可再从【水平对齐】下拉列表中选择"居中"。

图 1-21　单元格【格式】菜单　图 1-22　【设置单元格格式】对话框中的【对齐】选项卡

（2）合并标题字段 B2:D2 单元格区域。

（3）分别合并 A3:A5、A6:A8、A9:A10、A11:A12、A13:A14、B4:B5、B7:B8 单元格区域，如图 1-23 所示。

图 1-23　合并单元格

任务5　设置单元格时间格式

（1）选中 C3:D14 单元格区域。

（2）单击【开始】→【数字】→【设置单元格格式：数字】按钮，打开【设置单元格格式】对话框。

（3）在【数字】选项卡中，选中【分类】列表框中的"时间"，选择【类型】列表框中的"13:30"，如图 1-24 所示。

图 1-24　设置时间格式

（4）单击【确定】按钮，完成单元格的时间格式设置，如图 1-25 所示。

图 1-25　设置时间格式后的表格

任务 6 设置文本格式

（1）设置表格标题行的字体格式。将 A1 单元格的字体设置为“华文行楷”、字号为“24”。

（2）设置表格标题字段的格式。将 A2:H2 单元格区域的文本格式设置为“宋体”、字号为“16”、字形为“加粗”、对齐方式为“居中”。

（3）设置其余文本格式。将 A3:H14 单元格区域的文本格式设置为“宋体”、字号为“14”；设置 A3:D14 单元格区域对齐方式为“居中”。

任务 7 设置行高和列宽

（1）设置行高。

① 将第 1 行行高设置为“45”。

② 将第 2 行行高设置为“30”。

③ 将第 3～14 行行高设置为“28”。

（2）设置列宽。

分别将鼠标移至表格各列的列标交界处，当鼠标指针变成双向箭头状“↔”时，双击鼠标左键，Excel 将会自动调整至所需列宽。

任务 8 设置表格边框

为 A2:H14 单元格区域设置图 1-26 所示的内细外粗的边框。

公司会议室使用安排表

日期	时间段			使用部门	会议主题	会议地点	备注
2016-6-20	上午	8:30	10:30	行政部	总经理办公会	公司1会议室	
	下午	14:30	16:00	人力资源部	人事工作例会	公司3会议室	
		14:30	15:30	财务部	财务经济运行分析会	公司2会议室	
2016-6-21	上午	8:30	11:00	人力资源部	新员工面试	公司1会议室	
	下午	14:00	15:00	行政部	1号楼改造方案确定会	公司3会议室	
		15:30	17:30	行政部	质量认证体系培训	多功能厅	
2016-6-22	上午	10:00	11:30	市场部	合同谈判	公司1会议室	
	下午	14:30	16:30	财务部	预算管理知识学习	多功能厅	
2016-6-23	上午	9:00	11:00	物流部	物资采购协调会	公司2会议室	
	下午	15:30	16:30	市场部	6月销售总结	公司3会议室	
2016-6-24	上午	9:00	12:00	人力资源部	新员工培训	多功能厅	
	下午	14:00	17:00	人力资源部	新员工培训	多功能厅	

图 1-26 设置表格边框

任务 9 使用“条件格式”设置高亮提醒

利用“条件格式”的功能，我们可以使过期的会议室安排与未到的会议室安排用不同的颜色区分开来，做到更直观地了解会议室的使用情况。

这里，我们主要通过 Excel 的“条件格式”功能判断“日期”和“时间段”，即会议室的实际使用是否已经超过了当前的日期和时间。若超过了则字体显示蓝色加删除线，且单元格背景显示浅绿色；若未超过则单元格背景显示黄色。

（1）设置"日期"高亮提醒。

① 选中 A3:A13 单元格区域。

② 设置超过当前日期的条件格式。

a. 选择【开始】→【样式】→【条件格式】→【突出显示单元格规则】→【小于】命令，如图 1-27 所示。

b. 打开"小于"对话框，设置对比值为"=today()"。如图 1-28 所示。单击"设置为"右侧的下拉按钮，从下拉列表中选择【自定义格式】命令，如图 1-29 所示，打开"设置单元格格式"对话框。

图 1-27　选择条件格式的规则

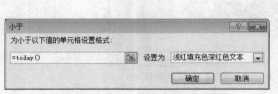

图 1-28　设置"小于"规则的对比值

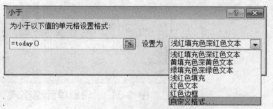

图 1-29　设置条件单元格格式

活力小贴士

TODAY 函数说明如下。

① 功能：返回系统当前日期（本文设置当前日期为 2016 年 6 月 21 日）。

② 语法：TODAY()。

③ 注意：使用该函数时不需要输入参数。

c. 单击【字体】选项卡，单击"颜色"下方的下拉按钮，在弹出的颜色面板标准色中选择"蓝色"，从【特殊效果】选项中选中"删除线"复选框，如图 1-30 所示。

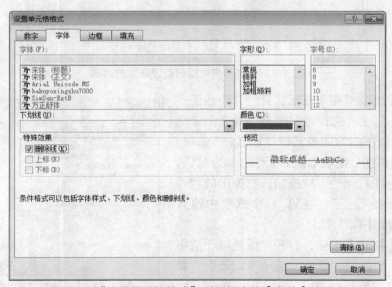

图 1-30　"设置单元格格式"对话框中的【字体】选项卡

d. 单击【填充】选项卡，从【单元格底纹颜色】中选择"浅绿"，如图 1-31 所示，再单击【确定】按钮返回到"小于"对话框。

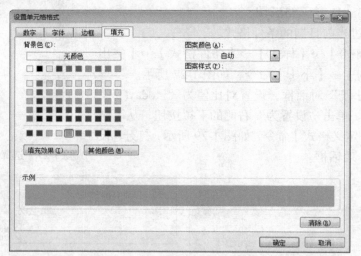

图 1-31 "设置单元格格式"对话框中的【填充】选项卡

③ 设置未超过当前日期的条件格式。

a. 选择【开始】→【样式】→【条件格式】→【管理规则】命令，打开图 1-32 所示的"条件格式规则管理器"对话框，在对话框中可显示之前添加的条件格式。

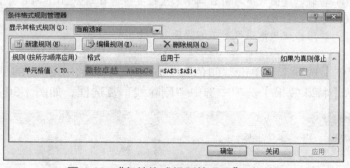

图 1-32 "条件格式规则管理器"对话框

b. 单击【新建规则】按钮，打开"新建格式规则"对话框。在"选择规则类型"列表框中选择"只为包含以下内容的单元格设置格式"选项，在"编辑规则说明"区域中，第 1 个选项为默认，单击第 2 个选项右侧的下拉按钮，在弹出的列表中选择"大于或等于"，在第 3 个选项中输入"=today()"，如图 1-33 所示。

c. 单击【格式】按钮，打开"设置单元格格式"对话框，切换到"填充"选项卡，选中"黄色"，如图 1-34 所示。

图 1-33 "新建格式规则"对话框

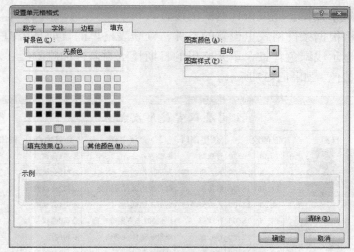

图 1-34　设置新建规则的填充格式

d. 单击【确定】按钮，返回"新建格式规则"对话框，可预览设置的格式，如图 1-35 所示。

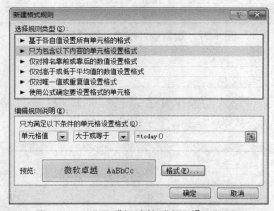

图 1-35　返回"新建格式规则"对话框

e. 单击【确定】按钮，返回"条件格式规则管理器"对话框，可见新添加的规则，如图 1-36 所示。

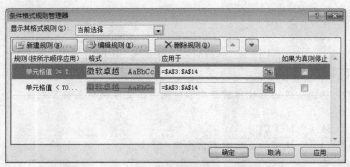

图 1-36　返回"条件格式规则管理器"对话框

f. 单击【确定】按钮，完成条件格式的设置。

此时，系统将根据条件格式里设置的条件，判断表格里的日期是否超过当前日期。若超过，则单元格显示浅绿色背景，单元格里的日期显示为蓝色加删除线；若未超过，则单元格背景显示为黄色，如图 1-37 所示。

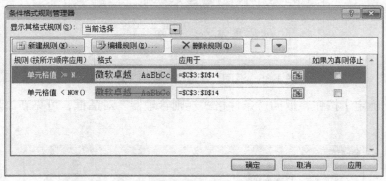

图 1-37 设置条件格式后的"日期"

（2）设置"时间段"高亮提醒。

① 选中 C3:D14 单元格区域。

② 按设置"日期"条件格式的操作方法，设置"时间段"条件格式，不同的是设置"时间段"高亮提示中应用的公式为"=now()"，如图 1-38 所示。

图 1-38 设置后的"时间段"条件格式

**活力
小贴士**

NOW 函数说明如下。

① 功能：返回系统当前日期和时间（本文系统中当前日期设置为 2016 年 6 月 21 日 14：30）。

② 语法：NOW()。

③ 注意：使用该函数时不需要输入参数。

③ 单击【确定】按钮，得到图 1-39 所示的表格。

公司会议室使用安排表							
日期	时间段			使用部门	会议主题	会议地点	备注
~~2016-6-20~~	上午	~~8:30~~	~~10:30~~	行政部	总经理办公会	公司1会议室	
	下午	~~14:30~~	~~16:00~~	人力资源部	人事工作例会	公司3会议室	
		~~14:30~~	~~15:30~~	财务部	财务经济运行分析会	公司2会议室	
2016-6-21	上午	~~8:30~~	~~11:00~~	人力资源部	新员工面试	公司1会议室	
	下午	~~14:00~~	15:00	行政部	1号楼改造方案确定会	公司3会议室	
		15:30	17:30	行政部	质量认证体系培训	多功能厅	
2016-6-22	上午	10:00	11:30	市场部	合同谈判	公司1会议室	
	下午	14:30	16:30	财务部	预算管理知识学习	多功能厅	
2016-6-23	上午	9:00	11:00	物流部	物资采购协调会	公司2会议室	
	下午	15:30	16:30	市场部	6月销售总结	公司3会议室	
2016-6-24	上午	9:00	12:00	人力资源部	新员工培训	多功能厅	
	下午	14:00	17:00	人力资源部	新员工培训	多功能厅	

图 1-39　设置条件格式后的“时间段”

任务 10　取消背景网格线

Excel 默认情况下会显示灰色的网格线，而这个网格线会对显示效果产生很大的影响。若去掉网格线会使人的视觉重点落到工作表的内容上。

（1）单击选中“重大会议日程安排提醒表”工作表。

（2）单击【视图】选项卡，在“显示”组中，取消勾选“网格线”复选框选项，设置后的表格如图 1-18 所示。

1.2.5　项目小结

本项目通过制作“公司会议室管理表”，主要介绍了工作簿的创建、工作表重命名、设置单元格格式、设置工作表格式，条件格式的应用。这里重点介绍了使用函数 TODAY 和 NOW 来判断“日期”和“时间段”是否已经超过了当前的日期和时间。此外，为增强表格的显示效果，还介绍了如何取消工作表中的网格线。

1.2.6　拓展项目

1. 工作日程自动提醒表

工作日程自动提醒表效果如图 1-40 所示。

工作日程安排表

日期	时间	工作内容	地点	参与人员
~~2016-6-13~~	9:00	OA系统升级方案	第1会议室	各部门主管
~~2016-6-15~~	8:30	绩效方案初步讨论	第2会议室	董事长、副总、部门主管
2016-6-16	14:00	客户接待	锦城宾馆	行政部、市场部
2016-6-19	10:00	现有信息平台流程的改进	行政部	方志成、李新、余致
2016-6-20	9:30	策划活动执行方案	第3会议室	行政部、市场部、财务部
2016-6-23	15:00	员工福利制度的确定	公司2会议室	总经理、人力资源部、部门主管
2016-6-25	10:30	公司劳动纪律检查、整顿	第1会议室	人力资源部、部门主管
2016-6-26	8:30	新员工培训	多功能厅	人力资源部、新员工
2016-6-28	9:00	公司上半年工作总结	多功能厅	全体员工
2016-7-1	14:30	岗位职责的修定	第3会议室	部门主管
2016-7-3	11:00	办公用品分发	行政部库房	各部门主管、王利、彭诗琪

图 1-40　工作日程安排表

2. 在工作日历中突显周休日

图 1-41 所示为工作日历表。

工作日历

日期	时间	工作内容	地点	参与人员
2016-6-13	9:00	OA系统升级方案	第1会议室	各部门主管
2016-6-15	8:30	绩效方案初步讨论	第2会议室	董事长、副总、部门主管
2016-6-16	14:00	客户接待	锦城宾馆	行政部、市场部
2016-6-19	10:00	现有信息平台流程的改进	行政部	方志成、李新、余致
2016-6-20	9:30	策划活动执行方案	第3会议室	行政部、市场部、财务部
2016-6-23	15:00	员工福利制度的确定	公司2会议室	总经理、人力资源部、部门主管
2016-6-25	10:30	公司劳动纪律检查、整顿	第1会议室	人力资源部、部门主管
2016-6-26	8:30	新员工培训	多功能厅	人力资源部、新员工
2016-6-28	9:00	公司上半年工作总结	多功能厅	全体员工
2016-7-1	14:30	岗位职责的修定	第3会议室	部门主管
2016-7-3	11:00	办公用品分发	行政部库房	各部门主管、王利、彭诗琪

图 1-41 工作日历中突显周休日

3. 员工生日提醒

图 1-42 所示为员工生日提醒表。

姓名	出生日期
陈渝	1976-2-29
张希华	1975-6-18
李健	1955-10-11
陈相依	1977-4-21
周贝缘	1976-10-2
倪好	1976-2-10
周树婉	1971-6-21
陈长俊	1976-11-29
严欣月	1975-11-20
吴华菊	1973-7-4
杨煦	1967-5-12
苏永志	1956-4-23
林哲伦	1979-5-27
章军桥	1976-6-13
王民明	1966-2-23
苏晓依	1966-2-28
徐京蕾	1968-6-16
赵涛	1967-11-23
彭俊平	1977-2-12
李东旭	1975-6-28

图 1-42 员工生日提醒表

项目3 文件归档管理

示例文件	原始文件：示例文件\素材文件\项目 3\文件归档管理表.xlsx
	效果文件：示例文件\效果文件\项目 3\文件归档管理表.xlsx

1.3.1 项目背景

　　在行政管理工作中，日常工作会涉及大量的文档和资料。因此，在日常工作中首先要做好分类管理，其次还需要能快速、准确地搜索到文档的存放位置，并方便快捷地打开所需文档。本项目将制作一个"文件归档管理表"，利用 Excel 的"超链接"功能来实现对文件夹的快速访问，以及通过"超链接"快速打开需要的文档，提高日常工作效率。

1.3.2 项目效果

文件归档管理表效果如图 1-43 所示。

类别	文件编号	文件名称
管理标准	KY-GL-001	文书归档管理规程
	KY-GL-002	档案管理规程
	KY-GL-003	办公用品管理规程
	KY-GL-004	考勤管理规程
	KY-GL-005	培训管理规程
	KY-GL-006	绩效考评管理规程
岗位职责	KY-ZZ-001	总经理岗位职责
	KY-ZZ-002	管理总监工作职责
	KY-ZZ-003	营销总监工作职责
	KY-ZZ-004	行政部主管工作职责
	KY-ZZ-005	人力资源部主管工作职责
	KY-ZZ-006	市场部主管工作职责
	KY-ZZ-007	物流部主管工作职责
	KY-ZZ-008	财务部主管工作职责
记录	KY-JL-001	会议记录表
	KY-JL-002	收文登记表
	KY-JL-003	来访登记表
	KY-JL-004	员工简历表
	KY-JL-005	员工面试记录表
	KY-JL-006	员工转正申请表
	KY-JL-007	应聘人员登记表
	KY-JL-008	薪资变动表
	KY-JL-009	出差申请表
其他事务性文件	KY-QT-001	办公用品领用记录
	KY-QT-002	印签管理记录
	KY-QT-003	传真收发登记记录
	KY-QT-004	邮件收发记录

图 1-43　文件归档管理表

1.3.3 知识与技能

- 创建工作簿、保存工作簿
- 合并单元格、文本对齐方式
- 设置字体、字号
- 设置行高
- 设置表格边框
- 设置超链接

1.3.4 解决方案

任务 1 创建并保存工作簿

（1）启动 Excel 2010，新建一空白工作簿。

（2）将创建的工作簿以"文件归档管理表"为名保存在"D:\公司文档\行政部"文件夹中。

任务 2 创建"文件归档管理表"

（1）创建图 1-44 所示的"文件归档管理表"框架。

（2）输入整理好的文件编号和文件名称，如图 1-45 所示。

	A	B	C
1	类别	文件编号	文件名称
2	管理标准		
3			
4			
5			
6			
7			
8	岗位职责		
9			
10			
11			
12			
13			
14			
15			
16	记录		
17			
18			
19			
20			
21			
22			
23			
24			
25	其他事务性文件		
26			

图 1-44 "文件归档管理表"框架

	A	B	C
1	类别	文件编号	文件名称
2	管理标准	KY-GL-001	文书归档管理规程
3		KY-GL-002	档案管理规程
4		KY-GL-003	办公用品管理规程
5		KY-GL-004	考勤管理规程
6		KY-GL-005	培训管理规程
7		KY-GL-006	绩效考评管理规程
8	岗位职责	KY-ZZ-001	总经理岗位职责
9		KY-ZZ-002	管理总监工作职责
10		KY-ZZ-003	营销总监工作职责
11		KY-ZZ-004	行政部主管工作职责
12		KY-ZZ-005	人力资源部主管工作职责
13		KY-ZZ-006	市场部主管工作职责
14		KY-ZZ-007	物流部主管工作职责
15		KY-ZZ-008	财务部主管工作职责
16	记录	KY-JL-001	会议记录表
17		KY-JL-002	收文登记表
18		KY-JL-003	来访登记表
19		KY-JL-004	员工简历表
20		KY-JL-005	员工面试记录表
21		KY-JL-006	员工转正申请表
22		KY-JL-007	应聘人员登记表
23		KY-JL-008	薪资变动表
24		KY-JL-009	出差申请表
25	其他事务性文件	KY-QT-001	办公用品领用记录
26		KY-QT-002	印签管理记录
27		KY-QT-003	传真收发登记表
28		KY-QT-004	邮件收发记录

图 1-45 "文件归档管理表"内容

**活力
小贴士**

本案例的前提是事先在 D 盘中已经创建了"公司文档"文件夹，然后按照公司日常管理中的文件类别建立子文件夹，最后将各类文件按相应类别整理存储到对应的文件夹中，如图 1-46 所示。

图 1-46 按类别建立文件夹存储文件

任务 3 设置"文件归档管理表"格式

（1）设置表格列的标题格式为宋体、16 磅、加粗、居中。

（2）将 A2:A7、A8:A15、A16:A24、A25:A28 单元格区域设置为合并后居中格式。

（3）设置"类别"内容的字体为宋体、14磅、加粗。

（4）设置表格内其余内容的格式为宋体、12磅。

（5）将"文件编号"的内容设置为居中对齐。

（6）为A2:C28单元格区域设置所有框线和粗匣框线。

（7）设置表格第1行的行高为"35"，第2～28行的行高为"25"。

任务4 创建"文件类别"的超链接到文件夹

（1）选中A2单元格。

（2）单击【插入】→【链接】→【超链接】按钮，打开图1-47所示的"插入超链接"对话框。

图1-47 "插入超链接"对话框

（3）在"链接到"选项中选择 "现有文件或网页"，单击"查找范围"右侧的下拉按钮，选择"D:\公司文档"文件夹，在列表框中将显示"公司文档"文件夹中的全部内容，选择要链接的文件夹"管理标准"，如图1-48所示。

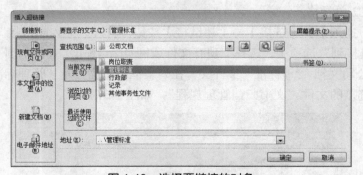

图1-48 选择要链接的对象

**活力
小贴士**

Excel中的超链接，可分别链接到"现有文件或网页""本文档中的位置""新建文档""电子邮件地址"4个选项。

①"现有文件或网页"：可以插入本地计算机中的文件，使Excel中的文件名与本地计算机中的相关文件关联起来，也可以插入互联网的地址。

②"本文档中的位置"：可链接到当前文档某工作表中的位置。

③"新建文档"：指向新文件的超链接。在"新建文档名称"框中键入新文件的名称，系统将新建一个文件，可选择新建文件的编辑方式为"以后再编辑新文档"或"开始编辑新文档"。

④ "电子邮件地址"：可链接到要使用的电子邮件地址。如果单击指向电子邮件地址的超链接，电子邮件程序将自动启动，并会创建一封在"收件人"框中显示正确地址的电子邮件（前提是已经安装了电子邮件程序）。

活力
小贴士

（4）单击【确定】按钮，完成 A2 单元格内容的超链接设置。

（5）使用同样的操作方法，分别完成 A8、A16、A25 单元格的超链接设置。

设置超链接后的效果如图 1-49 所示，当鼠标指针指向有超链接设置的文本时，将显示相应的链接提示。单击该链接，可打开对应的链接"D:\公司文档\管理标准"文件夹，如图 1-50 所示。

图 1-49　A2 单元格内容的超链接设置效果

图 1-50　打开链接的文件夹

任务 5 创建"文件名称"的超链接到文件

（1）选中 C2 单元格。

（2）单击【插入】→【链接】→【超链接】按钮，打开"插入超链接"对话框。

（3）在"链接到"选项中，选择"现有文件或网页"，单击"查找范围"右侧的下拉按钮，选择"D:\公司文档\管理标准"文件夹，在列表框中将会显示"管理标准"文件夹中的内容，选择要链接的文件"文书归档管理规程"，如图 1-51 所示。

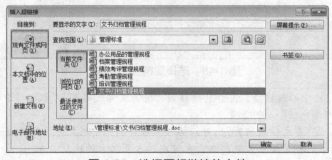

图 1-51　选择要超链接的文件

（4）单击【确定】按钮，完成 C2 单元格内容的超链接设置。

（5）使用同样的操作方法，分别完成 C2:C28 各单元格的超链接设置。

设置超链接后的效果如图 1-52 所示，当鼠标指针指向有超链接设置的文本时，将显示相应的链接提示。单击该链接，可打开对应的链接文件，如图 1-53 所示。

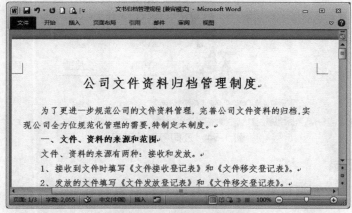

图 1-52　C2 单元格内容的超链接设置效果

图 1-53　打开链接的文件

> Excel 中的超链接根据链接的路径可分为"绝对超链接"和"相对超链接"。
>
> 绝对路径包含一个完整的地址，包括协议、Web 服务器，路径以及文件名。
>
> 相对路径缺少上述一个或多个部分。缺少的信息将从包含该路径的页面中获取。例如，如果缺少协议和 Web 服务器部分，则 Web 浏览器将使用当前页的协议和域（如.com、.org 或.edu）。
>
> 网站上的页面通常使用仅包含部分路径和文件名的相对路径。如果文件移动到其他服务器上，只要网页的相对位置没有改变，所有超链接均可继续工作。例如，网页 Products.htm 上的一个超链接指向 Food 文件夹中名为 Apple.htm 的页面，如果两个页面都移动到另一个服务器上名为 Food 的文件夹中，那么这个超链接上的 URL 仍然是正确的。
>
> 在 Microsoft Excel 工作簿中，默认情况下超链接目标文件未指定路径相对于活动工作簿的位置。可以设置另一个要在默认情况下使用的基本地址，这样每次在该位置创建指向某文件的超链接时，只需在"插入超链接"对话框中指定文件名即可，而无需指定路径。

活力小贴士

1.3.5　项目小结

本项目通过制作"文件归档管理表"，主要介绍了工作簿的创建、设置工作表格式、超链接的应用。这里重点介绍了插入"现有文件"的超链接，通过超链接可快速准确地访问文件存放的位置和打开想要查看的文件，为日常工作中的文档管理提供了一种很好的方式，有利于提高工作效率。

1.3.6 拓展项目

1. 公司考勤管理表

公司考勤管理表如图 1-54 所示。

图 1-54　公司考勤管理表

2. 公司通讯录

图 1-55 所示为公司通讯录。

部门	职务	姓名	电话	电子邮箱
			公司通讯录	
行政部	主管	张晓渝	62752114	zhangxy@ky.com
	副主管	吴华	83593186	wuhua@ky.com
	文书	张建军	87541114	zhangjj@ky.com
人力资源部	主管	陈佳禾	58800260	chenjh@ky.com
	招聘专员	周佳佳	62896811	zhoujj@ky.com
	薪酬专员	程好	27403536	chengh@ky.com
市场部	主管	周雨霏	89999642	zhouyf@ky.com
	品牌运作专员	王廷俊	86414060	wngtj@ky.com
	客户关系专员	严欣月	82317114	yanxy@ky.com
	销售专员	刘华菊	62782165	liuhuaju@ky.com
物流部	主管	蒲瑶	34206500	puyao@ky.com
	库管员	郑琳	84113480	zhengl@ky.com
	供应计划员	陶利平	23508219	taolph@ky.com
财务部	主管	孙婷	36001000	suntingh@ky.com
	会计	钱仁利	62233333	qianrl@ky.com
	出纳员	任菲	32323323	renfei@ky.com

图 1-55　公司通讯录

项目 4　办公用品管理

示例文件	原始文件：示例文件\素材文件\项目 4\办公用品管理表.xlsx
	效果文件：示例文件\效果文件\项目 4\办公用品管理表.xlsx

1.4.1　项目背景

在企业的日常工作中，管理办公用品是行政部门的一项常规性工作。加强办公用品管理、规范办公用品的发放和领用、提高办公用品的利用率，不仅可以控制办公消耗成本，还可以培养员工勤俭节约、杜绝浪费的职业习惯。本项目将制作一个"办公用品管理表"，用于记录办公用品的领用明细以及实现办公用品的汇总统计，使行政人员可以有效地进行办公用品的管理。

1.4.2　项目效果

图 1-56 所示为办公用品领用明细表，图 1-57 所示为办公用品统计表。

领用日期	领用部门	物品名称	型号规格	单位	数量	单价	金额
2016-4-6	行政部	复印纸	A4普通纸	包	3	¥14.8	¥44.4
2016-4-15	人力资源部	纸文件夹	A4纵向	个	25	¥15.5	¥387.5
2016-4-18	财务部	复印纸	A3	包	1	¥20.0	¥20.0
2016-4-21	物流部	笔记本	B5	本	5	¥4.3	¥21.5
2016-4-25	行政部	签字笔	0.5mm	支	10	¥2.0	¥20.0
2016-4-29	财务部	透明文件夹	A4	个	18	¥1.1	¥19.8
2016-5-3	行政部	特大号信封	印有公司名称	个	10	¥1.0	¥10.0
2016-5-9	人力资源部	订书钉	12#	盒	2	¥1.4	¥2.8
2016-5-12	人力资源部	普通信封	长3型	个	50	¥0.5	¥25.0
2016-5-15	市场部	笔记本	B5	本	10	¥4.3	¥43.0
2016-5-17	人力资源部	复印纸	A4普通纸	包	4	¥14.8	¥59.2
2016-5-20	物流部	笔记本	B5	本	3	¥4.3	¥12.9
2016-5-23	行政部	签字笔	0.5mm	支	8	¥2.0	¥16.0
2016-5-24	物流部	签字笔	0.5mm	支	6	¥2.0	¥12.0
2016-5-27	财务部	铅笔	HB	只	6	¥1.0	¥6.0
2016-6-7	物流部	复印纸	A4普通纸	包	2	¥14.8	¥29.6
2016-6-10	市场部	订书钉	12#	盒	3	¥1.4	¥4.2
2016-6-13	人力资源部	签字笔	0.5mm	支	15	¥2.0	¥30.0
2016-6-20	物流部	长尾夹	32mm	盒	1	¥14.0	¥14.0
2016-6-20	物流部	笔记本	A4	本	7	¥6.2	¥43.4
2016-6-23	人力资源部	订书钉	12#	盒	2	¥1.4	¥2.8
2016-6-24	财务部	长尾夹	32mm	盒	3	¥14.0	¥42.0
2016-6-27	市场部	透明文件夹	A4	个	9	¥1.1	¥9.9
2016-6-29	人力资源部	笔记本	A4	本	18	¥6.2	¥111.6
2016-6-30	行政部	铅笔	HB	只	12	¥1.0	¥12.0

图 1-56　办公用品领用明细表

办公用品领用统计表

领用部门	物品名称	总数量	总金额
财务部		28	¥87.8
	复印纸	1	¥20.0
	铅笔	6	¥6.0
	透明文件夹	18	¥19.8
	长尾夹	3	¥42.0
行政部		44	¥116.4
	复印纸	3	¥44.4
	铅笔	12	¥12.0
	签字笔	18	¥36.0
	特大号信封	10	¥10.0
	长尾夹	1	
人力资源部		110	¥556.9
	笔记本	18	¥111.6
	订书钉	4	¥2.8
	普通信封	50	¥25.0
	签字笔	15	¥30.0
	纸文件夹	25	¥387.5
市场部		26	¥116.3
	笔记本	10	¥43.0
	订书钉	3	¥4.2
	复印纸	4	¥59.2
	透明文件夹	9	¥9.9
物流部		25	¥122.2
	笔记本	15	¥77.8
	订书钉	2	¥2.8
	复印纸	2	¥29.6
	签字笔	6	¥12.0
总计		233	¥999.6

图 1-57　办公用品统计表

1.4.3　知识与技能

- 创建工作簿、保存工作簿
- 重命名工作表
- 使用公式进行简单计算
- 设置表格格式
- 创建数据透视表
- 更改数据透视表布局
- 设置数据透视表的样式

1.4.4　解决方案

任务 1　创建并保存工作簿

（1）启动 Excel 2010，新建一空白工作簿。

（2）将创建的工作簿以"办公用品管理表"为名保存在"D:\公司文档\行政部"文件夹中。

任务 2　创建"办公用品领用明细表"

（1）重命名工作表。将 Sheet1 工作表重命名为"领用明细"。

（2）创建图 1-58 所示的"办公用品领用明细表"。

	A	B	C	D	E	F	G
1	领用日期	领用部门	物品名称	型号规格	单位	数量	单价
2	2016-4-6	行政部	复印纸	A4普通纸	包	3	14.8
3	2016-4-15	人力资源部	纸文件夹	A4纵向	个	25	15.5
4	2016-4-18	财务部	复印纸	A3	包	1	20
5	2016-4-21	物流部	笔记本	B5	本	5	4.3
6	2016-4-25	行政部	签字笔	0.5mm	支	10	2
7	2016-4-29	财务部	透明文件夹	A4	个	18	1.1
8	2016-5-3	行政部	特大号信封	印有公司名称	个	10	1
9	2016-5-9	人力资源部	订书钉	12#	盒	2	1.4
10	2016-5-12	人力资源部	普通信封	长3型	个	50	0.5
11	2016-5-15	市场部	笔记本	B5	本	10	4.3
12	2016-5-17	市场部	复印纸	A4普通纸	包	4	14.8
13	2016-5-20	物流部	笔记本	B5	本	3	4.3
14	2016-5-23	行政部	签字笔	0.5mm	支	8	2
15	2016-5-24	物流部	签字笔	0.5mm	支	6	2
16	2016-5-27	财务部	铅笔	HB	只	6	1
17	2016-6-7	物流部	复印纸	A4普通纸	包	2	14.8
18	2016-6-10	市场部	订书钉	12#	盒	3	1.4
19	2016-6-13	人力资源部	签字笔	0.5mm	支	15	2
20	2016-6-16	行政部	长尾夹	32mm	盒	1	14
21	2016-6-20	物流部	笔记本	A4	本	7	6.2
22	2016-6-23	物流部	订书钉	12#	盒	2	1.4
23	2016-6-24	财务部	长尾夹	32mm	盒	3	14
24	2016-6-27	市场部	透明文件夹	A4	个	9	1.1
25	2016-6-29	人力资源部	笔记本	A4	本	18	6.2
26	2016-6-30	行政部	铅笔	HB	只	12	1

图 1-58　办公用品领用明细表

任务 3　计算办公用品"金额"

（1）在 H1 单元格中输入标题"金额"。

（2）计算"金额"数据，金额=数量*单价。

① 选中 H2 单元格。

② 输入计算公式"=F2*G2"，按【Enter】键确认。

③ 选中 H2 单元格，拖动填充柄，将公式复制到 H3:H26 单元格区域，计算出所有金额，如图 1-59 所示。

	A	B	C	D	E	F	G	H
1	领用日期	领用部门	物品名称	型号规格	单位	数量	单价	金额
2	2016-4-6	行政部	复印纸	A4普通纸	包	3	14.8	44.4
3	2016-4-15	人力资源部	纸文件夹	A4纵向	个	25	15.5	387.5
4	2016-4-18	财务部	复印纸	A3	包	1	20	20
5	2016-4-21	物流部	笔记本	B5	本	5	4.3	21.5
6	2016-4-25	行政部	签字笔	0.5mm	支	10	2	20
7	2016-4-29	财务部	透明文件夹	A4	个	18	1.1	19.8
8	2016-5-3	行政部	特大号信封	印有公司名称	个	10	1	10
9	2016-5-9	人力资源部	订书钉	12#	盒	2	1.4	2.8
10	2016-5-12	人力资源部	普通信封	长3型	个	50	0.5	25
11	2016-5-15	市场部	笔记本	B5	本	10	4.3	43
12	2016-5-17	市场部	复印纸	A4普通纸	包	4	14.8	59.2
13	2016-5-20	物流部	笔记本	B5	本	3	4.3	12.9
14	2016-5-23	行政部	签字笔	0.5mm	支	8	2	16
15	2016-5-24	物流部	签字笔	0.5mm	支	6	2	12
16	2016-5-27	财务部	铅笔	HB	只	6	1	6
17	2016-6-7	物流部	复印纸	A4普通纸	包	2	14.8	29.6
18	2016-6-10	市场部	订书钉	12#	盒	3	1.4	4.2
19	2016-6-13	人力资源部	签字笔	0.5mm	支	15	2	30
20	2016-6-16	行政部	长尾夹	32mm	盒	1	14	14
21	2016-6-20	物流部	笔记本	A4	本	7	6.2	43.4
22	2016-6-23	物流部	订书钉	12#	盒	2	1.4	2.8
23	2016-6-24	财务部	长尾夹	32mm	盒	3	14	42
24	2016-6-27	市场部	透明文件夹	A4	个	9	1.1	9.9
25	2016-6-29	人力资源部	笔记本	A4	本	18	6.2	111.6
26	2016-6-30	行政部	铅笔	HB	只	12	1	12

图 1-59　计算办公用品"金额"

任务 4 设置"办公用品领用明细表"格式

（1）设置"单价"和"金额"列的数据格式为货币格式，保留 1 位小数。

① 选中 G2:H26 单元格区域。

② 单击【开始】→【数字】→【设置单元格格式：数字】按钮，打开"设置单元格格式"对话框。

③ 切换到"数字"选项卡，在左侧的"分类"列表中，选择"货币"类型，将右侧的"小数位数"设置为"1"。

④ 单击【确定】按钮。

（2）设置表格 A1:H1 单元格区域的字体为加粗、居中对齐。

（3）适当调整第 1 行的行高及各列的列宽。

（4）对 A1:H26 单元格区域添加"所有框线"边框。

任务 5 生成"办公用品统计表"

有了办公用品领用的原始明细数据，工作人员可以利用"数据透视表"方便地实现办公用品的汇总统计。

**活力
小贴士**

数据透视表是交互式报表，可以方便地排列和汇总复杂的数据，并可进一步查看详细信息。可以将原表中某列的不同值作为查看的行或列，在行和列的交叉处体现另外一个列的数据汇总情况。

数据透视表可以动态地改变版面布局，以便按照不同方式分析数据，也可以重新安排行标签、列标签和值字段及汇总方式，每一次改变版面布局，数据透视表会立即按照新的布局重新显示数据。

数据透视表的使用中需注意以下事项。

① 选择要分析的表或区域：既可以使用本工作簿中的表或区域，也可以使用外部数据源（其他文件）的数据。

② 选择放置数据透视表的位置：既可以生成一张新工作表，并从该表 A1 单元格处开始放置生成的数据透视表，也可以选择从现有工作表的某单元格位置开始来放置。

③ 设置数据透视表的字段布局：选择要添加到报表的字段，并在行标签、列标签、数值的列表框中拖动字段来修改字段的布局。

④ 修改数值汇总方式：一般数值自动默认的汇总方式为求和，文本默认为计数，如需修改，可单击"数值"处的字段按钮，从弹出的快捷菜单中选择【值字段设置】命令，打开"值字段设置"对话框，在其中进行选择或修改。

⑤ 对数据透视表的结果进行筛选：对于上述设置完成的数据透视表，还可以单击行标签和列标签处的下拉按钮，打开筛选器，进行筛选设置。

（1）创建数据透视表。

① 将光标定位于"领用明细"工作表中数据区域的任意单元格。

② 单击【插入】→【表格】→【数据透视表】按钮，打开"创建数据透视表"对话框。

③ 在"表/区域"文本框中默认的工作表数据区域为"领用明细!$A$1:$H$26"，"选择放置数据透视表的位置"默认选择为"新工作表"，如图 1-60 所示。

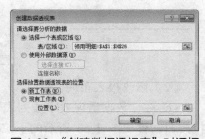

图 1-60 "创建数据透视表"对话框

④ 单击【确定】按钮，创建数据透视表"Sheet4"后，Excel 将自动打开"数据透视表字段列表"任务窗格，如图 1-61 所示。

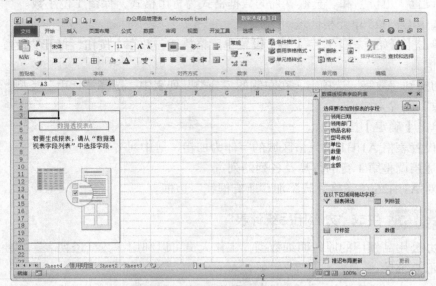

图 1-61　生成数据透视表 Sheet4

⑤ 将 Sheet4 工作表重命名为"办公用品统计表"。

⑥ 选取"选择要添加到报表的字段"列表中的"领用部门""物品名称""数量"和"金额"字段，构建出图 1-62 所示的数据透视表。

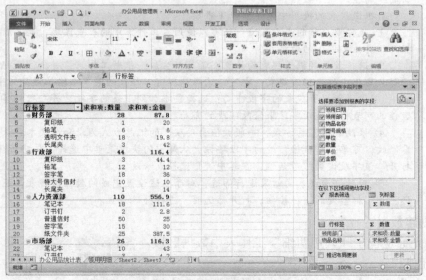

图 1-62　添加数据透视表字段

（2）修改报表布局。

① 在"数据透视表字段列表"任务窗格的"行标签"中，单击"部门名称"右侧的下拉按钮，弹出图 1-63 所示的下拉菜单，选择【字段设置】命令，打开图 1-64 所示的"字

段设置"对话框。

图 1-63 "字段设置"下拉菜单

图 1-64 "字段设置"对话框

② 单击"布局和打印"选项卡，在"布局"选项组中，取消勾选"在同一列中显示下一字段的标签（压缩表单）"，如图 1-65 所示。

③ 单击【确定】按钮，数据透视表的布局发生改变，行标签"领用部门"和"物品名称"分别显示在 A 列和 B 列中，如图 1-66 所示。

（3）修改行标签名称。双击 A3 单元格，将"行标签"修改为"领用部门"。

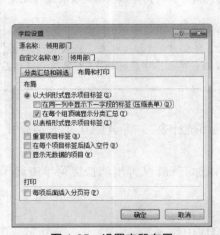

图 1-65 设置字段布局

图 1-66 更改数据透视表的布局

（4）更改透视字段名称。

① 选中 C3 单元格。

② 单击【数据透视表工具】→【选项】→【字段设置】按钮，打开"值字段设置"对话框。

③ 在"自定义名称"右侧的文本框中，将原名称"求和项:数量"修改为新名称"总数量"，如图 1-67 所示。

④ 单击【确定】按钮。

⑤ 使用同样的操作，将 D3 单元格中的"求和项:金额"修改为"总金额"，如图 1-68 所示。

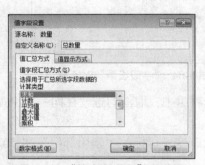

图 1-67 "值字段设置"对话框

图 1-68 更改透视字段名称

（5）隐藏数据透视表中的元素。单击【数据透视表工具】→【选项】→【显示】→【字段列表】和【+/−按钮】，隐藏这两个元素。

活力 小贴士

数据透视表中包含多个元素，为了表格的简洁，用户可以根据需要将某些元素隐藏。隐藏的方法如下。

默认情况下，在【数据透视表工具】→【选项】选项卡中，【显示】选项组中的 3 个按钮都处于选中状态。单击【字段列表】按钮，可隐藏"数据透视表字段列表"；单击【+/−按钮】，可隐藏行标签字段左侧的"+/−"按钮；单击【字段标题】，可隐藏"行标签"和"值字段"标题。

（6）设置报表格式。

① 在 A1 单元格中输入报表标题"办公用品领用统计表"，将 A1:D1 单元格合并后居中，并设置字体为黑体、20 磅。

② 删除表格第 2 行。选中表格的第 2 行，单击鼠标右键，从弹出的快捷菜单中选择【删除】命令。

③ 将"总金额"列的数据格式设置为"货币"，保留 1 位小数。

④ 设置 A3:D3 以及 A4:A31 单元格区域的内容居中对齐。

⑤ 设置标题行、字段行、各汇总行和总计行的行高。

⑥ 适当调整报表列宽。

1.4.5 项目小结

本项目通过制作"办公用品管理表"，主要介绍了工作簿的创建、使用公式进行数据计算、设置表格格式。在此基础上，使用"数据透视表"工具，创建数据透视表"办公用品统计表"，通过"数据透视表字段列表"任务窗格添加和编辑数据透视表字段，更改数据透视表的布局和显示样式。

1.4.6 拓展项目

1. 统计每月办公用品领用情况

办公用品各月统计表如图 1-69 所示。

2. 统计各类办公用品领用情况

各类办公用品领用统计表如图 1-70 所示。

各类办公用品领用统计表

物品名称	领用部门	总数量	总金额
笔记本		43	232.4
	人力资源部	18	111.6
	市场部	10	43
	物流部	15	77.8
订书钉		7	9.8
	人力资源部	2	2.8
	市场部	3	4.2
	物流部	2	2.8
复印纸		10	153.2
	财务部	1	20
	行政部	3	44.4
	市场部	4	59.2
	物流部	2	29.6
普通信封		50	25
	人力资源部	50	25
铅笔		18	18
	财务部	6	6
	行政部	12	12
签字笔		39	78
	行政部	18	36
	人力资源部	15	30
	物流部	6	12
特大号信封		10	10
	行政部	10	10
透明文件夹		27	29.7
	财务部	18	19.8
	市场部	9	9.9
长尾夹		4	56
	财务部	3	42
	行政部	1	14
纸文件夹		25	387.5
	人力资源部	25	387.5
总计		233	999.6

办公用品各月领用统计表

月份	领用部门	总数量	总金额
4月		62	513.2
	财务部	19	39.8
	行政部	13	64.4
	人力资源部	25	387.5
	物流部	5	21.5
5月		99	186.9
	财务部	6	6
	行政部	18	26
	人力资源部	52	27.8
	市场部	14	102.2
	物流部	9	24.9
6月		72	299.5
	财务部	3	42
	行政部	13	26
	人力资源部	33	141.6
	市场部	12	14.1
	物流部	11	75.8
总计		233	999.6

图 1-69　办公用品各月统计表

图 1-70　各类办公用品领用统计表

第②篇 人力资源篇

人力资源部门在企业中的地位至关重要，如何招聘合适、优秀的员工，如何激发员工的创造力，如何为员工提供各种保障，都是人力资源部门重点关注的问题。本篇针对人力资源部门常见的几类管理工作，提炼出人力资源部门最需要的 Excel 应用案例，以帮助人事管理人员用高效的方法处理人事管理事务，从而快速、准确地为企业人力资源的调配提供帮助。

项目 5　员工聘用管理

示例文件	原始文件：示例文件\素材文件\项目 5\公司人员招聘流程图.xlsx、应聘人员面试成绩表.xlsx
	效果文件：示例文件\效果文件\项目 5\公司人员招聘流程图.xlsx、应聘人员面试成绩表.xlsx

2.5.1　项目背景

在现代社会中，人才是企业成功的关键因素。人员招聘是人力资源管理中的一项非常重要的工作。规范化的招聘管理流程是企业招聘到优秀、合适员工的前提。本项目将利用 Excel 制作"公司人员招聘流程图"和"应聘人员面试成绩表"，为人力资源管理人员在员工聘用管理工作方面提供实用简便的解决方案。

2.5.2　项目效果

图 2-1 所示为公司人员招聘流程图，图 2-2 所示为应聘人员面试成绩表。

公司人员招聘流程图

项目	流程	支持图表	责任部门
人力需求	• 部门人力需求申请 • 审核	人员需求表	人力需求部门 人力资源部
招聘计划	• 申请汇总 • 招聘计划 • 审核	岗位说明书 招聘计划表	人力需求部门 总经办
人员招聘	• 人员招聘 • 初试 • 复试 • 办理入职	应聘人员登记表 员工资料 劳动合同	人力需求部门 人力资源部 总经办 需求部门主管
试用	• 试用 • 入职培训	企业文化及 各项规章 制度资料	人力需求部门 人力资源部
聘用	• 正式聘用	员工试用期满 考核表	需求部门主管

图 2-1　公司人员招聘流程图

应聘人员面试成绩表

姓名	个人修养	求职意愿	综合素质	性格特征	专业知识和技能	语言能力	总评成绩	录用结论
李博阳	7	7	15	6	28	12	75	未录用
张雨菲	9	8	16	7	32	11	83	录用
王彦	6	8	12	5	21	9	61	未录用
刘启亮	9	9	16	7	23	8	72	未录用
郑威	7	9	17	6	26	11	76	未录用
程渝丰	9	10	18	8	33	13	91	录用
李晓敬	6	9	13	6	20	10	64	未录用
郑君乐	8	9	16	7	29	11	80	录用
陈远	8	7	17	8	31	12	83	录用
王秋琳	9	8	16	7	33	13	86	录用
赵筱鹏	7	8	13	4	28	11	71	未录用
孙原屏	9	7	16	8	30	13	83	录用
王乐泉	9	8	17	8	31	14	87	录用
段维东	8	10	18	9	25	12	82	录用
张婉玲	8	7	14	7	22	8	66	未录用

图 2-2　应聘人员面试成绩表

2.5.3　知识与技能

- 创建、保存工作簿
- 重命名工作表、删除工作表
- 设置表格格式
- 插入和编辑 SmartArt 图形
- 使用 SUM 和 IF 函数
- 取消显示编辑栏和网格线
- 美化修饰表格

2.5.4　解决方案

任务 1　创建"公司人员招聘流程图"工作簿

（1）启动 Excel 2010，新建一空白工作簿。

（2）将创建的工作簿以"公司人员招聘流程图"为名保存在"D:\公司文档\人力资源部"文件夹中。

任务 2　重命名工作表和删除工作表

（1）双击"Sheet1"工作表标签，进入标签重命名状态，输入"招聘流程图"，按【Enter】键确认。

（2）按住【Ctrl】键，同时选中"Sheet2"和"Sheet3"工作表，鼠标右键单击所选的任一工作表，从弹出的快捷菜单中选择【删除】命令，删除选中的工作表。

任务 3　绘制"招聘流程图"表格

（1）创建图 2-3 所示的"招聘流程图"表格。

图 2-3　"招聘流程图"表格

（2）设置表格标题格式。

① 选中 A1:D1 单元格区域，单击【开始】→【对齐方式】→【合并后居中】按钮，将表格标题合并居中。

② 将表格标题格式设置为宋体、28 磅、加粗。

（3）设置表格内文本的格式。

① 将表格列标题 A2:D2 单元格区域的文本格式设置为宋体、16 磅、加粗、水平居中、垂直居中。

② 将 A3:D7 单元格区域的文本格式设置为宋体、14 磅、水平居中、垂直居中、自动换行。

③ 将 C3:D7 单元格的文本内容按图 2-4 所示进行手动换行处理。

项目	流程	支持图表	责任部门
		人员需求表	人力需求部门 人力资源部
		岗位说明书 招聘计划表	人力需求部门 总经办
		应聘人员登记表 员工资料 劳动合同	人力需求部门 人力资源部 总经办 需求部门主管
		企业文化及各项规章制度资料	人力需求部门 人力资源部
		员工试用期满考核表	需求部门主管

图 2-4　文本手动换行

**活力
小贴士**

单元格内文本的换行。

单元格中的内容，有时候因长度超过单元格宽度而需要排列成多行，自动将超过单元格宽度的文字排列到下一行去，并可以进行一些手动设置。

（1）自动换行。

①选中需要换行的单元格区域，单击【开始】→【对齐方式】→【自动换行】按钮 自动换行，将该区域中内容超过列宽的单元格内的文字自动换行。

②也可以单击【开始】→【对齐方式】→【设置单元格格式：对齐方式】按钮，弹出"设置单元格格式"对话框，在"对齐"选项卡中的"文本控制"栏选中【自动换行】复选框，如图 2-5 所示。

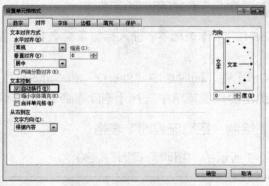

图 2-5　设置"自动换行"

（2）手动换行。

如果想在指定位置实现文本换行，可以进行手动调整。其操作是双击单元格，使单元格处于编辑状态，将光标定位于需要换行的位置，按【Alt】+【Enter】组合键实现手动换行，按【Enter】键确定。

（4）设置表格的边框和底纹。

① 选中 A2:D7 单元格区域。

② 单击【开始】→【字体】→【框线】按钮 右侧的下拉按钮，在打开的下拉菜单中选择"所有框线"命令；再次单击【框线】按钮右侧的下拉按钮，在打开的下拉菜单中选择"粗匣框线"命令。

③ 将 A2:D2 单元格区域填充为橙色，其余单元格每行分别使用不同的浅色系颜色进行填充。

（5）调整表格的行高和列宽。

① 选中表格的第 1 行，单击鼠标右键，从快捷菜单中选择【行高】命令，打开"行高"对话框，输入"60"，单击【确定】按钮。

② 使用类似的方法，将表格第 2 行的行高设置为 50，第 3～7 行的行高设置为 128。

③ 选中表格第 1 行，单击鼠标右键，从快捷菜单中选择【列宽】命令，打开"列宽"对话框，输入"22"，单击【确定】按钮。

④ 使用类似的方法，将表格第 2 列的列宽设置为 35，第 3 列和第 4 列的列宽设置为 25。

完成后的表格如图 2-6 所示。

公司人员招聘流程图			
项目	流程	支持图表	责任部门
		人员需求表	人力需求部门 人力资源部
		岗位说明书 招聘计划表	人力需求部门 总经办
		应聘人员登记表 员工资料 劳动合同	人力需求部门 人力资源部 总经办 需求部门主管
		企业文化及各项 规章制度资料	人力需求部门 人力资源部
		员工试用期 满考核表	需求部门主管

图 2-6　绘制完成的"招聘流程图"表格

任务 4　应用 SmartArt 绘制"招聘流程图"

（1）单击【插入】→【插图】→【SmartArt】按钮，打开"选择 SmartArt 图形"对话框。

（2）在"选择 SmartArt 图形"对话框左侧的类型框中选择"列表"类型，再从中间的子类型框中选择"垂直块列表"，如图 2-7 所示。

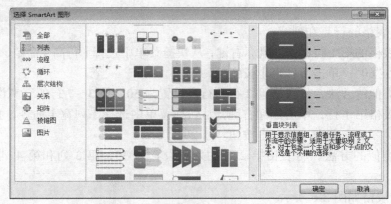

图 2-7　"选择 SmartArt 图形"对话框

（3）单击【确定】按钮，返回工作表中。在工作表中可见图 2-8 所示的 SmartArt 图形。

（4）添加形状。

插入的图形默认只有 3 组形状，由图 2-6 所示的表格可知，要绘制的招聘流程图需要 5 组形状。

① 单击【SmartArt 工具】→【设计】→【创建图形】→【添加形状】按钮，添加出图 2-9 所示的第 4 组形状的第一级。

图 2-8　垂直块列表的 SmartArt 图形

图 2-9　添加形状的第一级

② 选中新添加的形状，再单击【SmartArt 工具】→【设计】→【创建图形】→【添加形状】右侧的下拉按钮，打开图 2-10 所示下拉列表，选择【在下方添加形状】命令，添加出第 4 组第二级的形状，如图 2-11 所示。

③ 使用类似的操作，添加第 5 组形状。

（5）编辑流程图的内容。

编辑图形中的内容时，为了便于输入文字，可打开文本窗格进行输入。

① 单击【SmartArt 工具】→【设计】→【创建图形】→【文本窗格】按钮，打开图 2-12 所示的文本窗格。

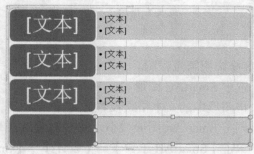

图 2-10　【添加形状】下拉列表　　　　　图 2-11　添加形状的第二级

② 在文本窗格中输入图 2-13 所示的文字。在文本窗格中输入的内容会自动在 SmartArt 图形中显示，如图 2-14 所示。

图 2-12　文本窗格　　　　　　　　　图 2-13　招聘流程图的文字内容

图 2-14　SmartArt 图形中显示的流程图内容

**活力
小贴士**

在文本窗格中，默认的第二级文本框有两个，编辑时可根据内容的需要，增加或减少第二级文本框的个数，实际操作类似于添加或减少项目符号。

（6）修饰招聘流程图。

① 选中 SmartArt 图形。

② 将图形中的文本格式设置为宋体、16 磅、加粗。

③ 调整 SmartArt 图形大小，使 SmartArt 图形中的文本能清晰地显示在图形中。

④ 单击【SmartArt 工具】→【设计】→【SmartArt 样式】→【更改颜色】按钮，打开图 2-15 所示的颜色列表，选择"彩色"系列中的"彩色范围-强调文字颜色 3 至 4"。

修饰后的 SmartArt 图形效果如图 2-16 所示。

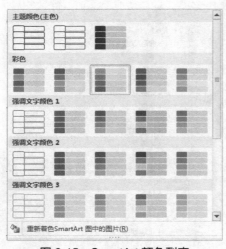

图 2-15　SmartArt 颜色列表

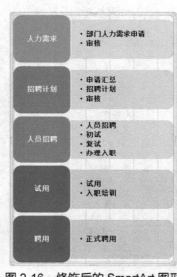

图 2-16　修饰后的 SmartArt 图形

（7）将绘制的 SmartArt 图形移动到"招聘流程图"表格中，并根据表格的行高和列宽适当调整 SmartArt 图形的大小，使其与表格内的内容相匹配。

（8）取消编辑栏和网格线的显示。单击【视图】选项卡，在【显示】命令组中，取消勾选【编辑栏】和【网格线】复选框。此时网格线被隐藏起来，工作表显得更加简洁美观。

（9）保存并关闭文档。

任务 5　创建"应聘人员面试成绩表"

（1）启动 Excel 2010，新建一个空白工作簿。

（2）将创建的工作簿以"应聘人员面试成绩表"为名保存在"D:\公司文档\人力资源部"文件夹中。

（3）将 Sheet1 工作表重命名为"面试成绩"。

（4）在"面试成绩"工作表中，输入图 2-17 所示的应聘人员面试成绩。

	A	B	C	D	E	F	G	H	I
1	姓名	个人修养	求职意愿	综合素质	性格特征	专业知识和技能	语言能力	总评成绩	录用结论
2	李博阳	7	7	15	6	28	12		
3	张雨菲	9	8	16	7	32	11		
4	王彦	6	8	12	5	21	9		
5	刘启亮	9	9	16	7	23	8		
6	郑威	7	9	17	6	26	11		
7	程渝丰	9	10	18	8	33	13		
8	李晓敏	6	9	13	6	20	10		
9	郑君乐	8	9	16	7	29	11		
10	陈远	8	7	17	8	31	12		
11	王秋琳	9	8	16	7	33	13		
12	赵筱鹏	7	8	13	4	28	11		
13	孙原屏	9	7	16	8	30	13		
14	王乐泉	9	8	17	8	31	14		
15	段维东	8	10	18	9	25	12		
16	张婉玲	8	7	14	7	22	8		

图 2-17　应聘人员面试成绩

任务 6 统计面试"总评成绩"

（1）选中 H2 单元格。

（2）单击【开始】→【编辑】→【自动求和】按钮 Σ 自动求和，自动构造出图 2-18 所示的公式。

	A	B	C	D	E	F	G	H	I	J
1	姓名	个人修养	求职意愿	综合素质	性格特征	专业知识和技能	语言能力	总评成绩	录用结论	
2	李博阳	7	7	15	6	28	12	=SUM(B2:G2)		
3	张雨菲	9	8	16	7	32	11	SUM(number1, [number2], ...)		
4	王彦	6	8	12	5	21	9			
5	刘启亮	9	9	16	7	23	8			
6	郑威	7	9	17	6	26	11			
7	程渝丰	9	10	18	8	33	13			
8	李晓敏	6	9	13	6	20	10			
9	郑君乐	8	9	16	7	29	11			
10	陈远	8	7	17	8	31	12			
11	王秋琳	9	8	16	7	33	13			
12	赵筱鹏	7	8	13	4	28	11			
13	孙原屏	9	7	16	8	30	13			
14	王乐泉	9	8	17	8	31	14			
15	段维东	8	10	18	9	25	12			
16	张婉玲	8	7	14	7	22	8			

图 2-18　构造"总评成绩"计算公式

（3）确认参数区域正确后，按【Enter】键，得出计算结果。

（4）选中 H2 单元格，拖动填充柄至 H16 单元格，计算出所有面试人员的总评成绩，如图 2-19 所示。

	A	B	C	D	E	F	G	H	I
1	姓名	个人修养	求职意愿	综合素质	性格特征	专业知识和技能	语言能力	总评成绩	录用结论
2	李博阳	7	7	15	6	28	12	75	
3	张雨菲	9	8	16	7	32	11	83	
4	王彦	6	8	12	5	21	9	61	
5	刘启亮	9	9	16	7	23	8	72	
6	郑威	7	9	17	6	26	11	76	
7	程渝丰	9	10	18	8	33	13	91	
8	李晓敏	6	9	13	6	20	10	64	
9	郑君乐	8	9	16	7	29	11	80	
10	陈远	8	7	17	8	31	12	83	
11	王秋琳	9	8	16	7	33	13	86	
12	赵筱鹏	7	8	13	4	28	11	71	
13	孙原屏	9	7	16	8	30	13	83	
14	王乐泉	9	8	17	8	31	14	87	
15	段维东	8	10	18	9	25	12	82	
16	张婉玲	8	7	14	7	22	8	66	

图 2-19　统计出面试"总评成绩"

任务 7 显示面试"录用结论"

面试录用说明：总评成绩在 80 分以上予以录用，否则不予录用。

（1）选中 I2 单元格。

（2）单击【公式】→【函数库】→【插入函数】按钮，打开图 2-20 所示的"插入函数"对话框。

（3）从"选择函数"列表中选择"IF"函数，单击【确定】按钮，打开"函数参数"对话框。

（4）按图 2-21 所示设置参数，单击【确定】按钮，得到该区域中第一个人的成绩等级。

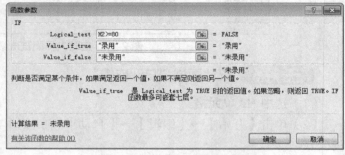

图 2-20　"插入参数"对话框　　　　　　　　图 2-21　设置 IF 函数的参数

（5）选中区域 I2，使用填充柄自动填充其他面试人员的"录用结论"，如图 2-22 所示。

	A	B	C	D	E	F	G	H	I
1	姓名	个人修养	求职意愿	综合素质	性格特征	专业知识和技能	语言能力	总评成绩	录用结论
2	李博阳	7	7	15	6	28	12	75	未录用
3	张雨菲	9	8	16	7	32	11	83	录用
4	王彦	6	8	12	5	21	9	61	未录用
5	刘启亮	9	9	16	7	23	8	72	未录用
6	郑威	7	9	17	6	26	11	76	未录用
7	程渝丰	9	10	18	8	33	13	91	录用
8	李晓敏	6	9	13	6	20	10	64	未录用
9	郑君乐	8	9	16	7	29	11	80	录用
10	陈远	8	7	16	8	31	12	83	录用
11	王秋琳	9	8	16	7	33	13	86	录用
12	赵筱鹏	8	8	13	4	28	11	71	未录用
13	孙原屏	9	7	16	8	30	13	83	录用
14	王乐泉	9	8	17	8	31	14	87	录用
15	段维东	8	10	18	9	25	12	82	录用
16	张婉玲	8	7	14	7	22	8	66	未录用

图 2-22　填充好所有人的录用结论

任务 8　美化"应聘人员面试成绩表"

（1）添加表格标题。

① 选中表格第 1 行，单击【开始】→【单元格】→【插入】按钮，插入一个空白行。

② 输入表格标题文字"应聘人员面试成绩表"。

③ 设置表格标题格式为黑体、22 磅、合并后居中。

④ 设置标题行行高为 42。

（2）设置表格列标题的格式。

① 选中 A2:I2 单元格区域。

② 设置单元格的格式为宋体、11 磅、加粗、居中、自动换行。

③ 为 A2:I2 单元格区域添加蓝色底纹，并设置字体颜色为"白色，背景 1"。

（3）选中 A～I 列，设置表格的列宽为 9。

（4）设置表格边框。

① 选中 A2:I17 单元格区域。

② 单击【开始】→【字体】→【框线】按钮 ▦ ﹣ 右侧的下拉按钮，在打开的下拉菜单中选择"所有框线"命令；再次单击【框线】按钮右侧的下拉按钮，在打开的下拉菜单中选择"粗匣框线"命令。

（5）添加"录用说明"。

① 选中 A19 单元格。

② 输入录用说明内容"录用说明：总评成绩在 80 分以上予以录用，否则未录用"。

（6）保存并关闭文档。

2.5.5　项目小结

本项目通过制作"公司人员招聘流程图"和"应聘人员面试成绩表"，主要介绍了创建工作簿、编辑工作表、应用 SmartArt 工具创建和编辑图形、使用 SUM 和 IF 函数进行计算。此外，还介绍了合并居中、文本换行、设置文本格式以及取消工作表的编辑栏和网格线等表格的美化修饰操作，以增强表格的显示效果。

2.5.6　拓展项目

1. 制作公司面试管理流程图

图 2-23 所示为公司面试管理流程图。

2. 制作员工试用期管理流程图

图 2-24 所示为员工试用期管理流程图。

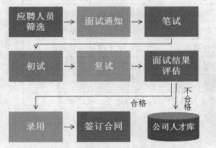

图 2-23　公司面试管理流程图　　　　图 2-24　员工试用期管理流程图

项目❻　员工培训管理

示例文件	原始文件：示例文件\素材文件\项目 6\培训需求调查表.xlsx、员工培训成绩统计表.xlsx
	效果文件：示例文件\效果文件\项目 6\培训需求调查表.xlsx、员工培训成绩统计表.xlsx

2.6.1　项目背景

　　企业要想增强在市场中的竞争力，需要不断提高员工的各项素质和能力。人力资源部门为了使培训工作更具有针对性和实用性，需要开展培训调查，了解员工的需求、建议及期望，然后结合企业的需要制订培训计划，开展培训工作。每次培训结束后，根据培训项目进行相应的考核、评定、汇总和分析学员成绩。本项目通过制作"培训需求调查表"和"员工培训成绩统计表"，来介绍 Excel 软件在培训管理方面的应用。

2.6.2　项目效果

　　图 2-25 所示为培训需求调查表，图 2-26 所示为培训成绩统计表。

Office办公软件应用培训需求调查表

公司近期将对Microsoft Office办公软件进行应用技能培训。为了使培训能最紧密结合您的工作，能为您的工作提供最直接的帮助，请您根据自身实际情况如实填写该表。谨此感谢您的合作！

使用情况（单选项）			
①办公中使用Office组件最多的是哪个？	○ Excel	○ Word	○ PowerPoint	○ 其他组件
②您对哪个Office组件最感兴趣？	○ Excel	○ Word	○ PowerPoint	○ 其他组件
③您认为自己Office软件的使用水平属于哪个？	○ 入门级	○ 初级	○ 中级	○ 高级
④您使用Office软件的时间为？	○ 零经验	○ 1年以下	○ 1-2年	○ 3年以上
⑤遇到Office办公软件问题您最常用哪种方式解决问题？	○ 查找书籍	○ 求助同事	○ 上网查询	○ 其他方式
⑥您曾经参加过几次Excel软件的相关培训？	○ 少于1次	○ 1-2次	○ 3-5次	○ 6次以上

培训需求（多选项）			
①在日常工作中遇到哪些Word问题？	□排版格式	□组织架构	□插入图形	□操作不熟悉
②针对Word的培训内容，您最需要重点讲哪些方面？	□文档编辑	□文档排版	□文档加密	□文档恢复
	□追踪修订	□邮件合并	□插入目录	□页眉页脚
③在日常工作中遇到哪些Excel问题？	□数据排序	□公式和函数	□数据保护	□操作不熟悉
④针对Excel的培训内容，您最需要重点讲哪些方面？	□数据输入	□基本公式	□制作图表	□条件格式
	□分类汇总	□数据透视表	□数据有效性	□其他
⑤在日常工作中遇到哪些PowerPoint问题？	□内容编辑	□排版格式	□菜单功能	□操作不熟悉
⑥针对PowerPoint的培训内容，您最需要重点讲哪些方面？	□幻灯片编辑	□使用模板	□插入文本框	□艺术字
	□制作图表	□动画效果	□幻灯片母版	□多媒体应用

其他（文字描述项）
您和您所在的部门针对Office的哪些应用比较多？具体应用哪些方面的工作（如数据统计、成果展示、客户培训等）？
您在日常工作中使用Office办公软件还有哪些困难？
除了问卷所涉及到的内容，您对本次培训还有哪些其他相关建议和期望（可附纸说明）：

图 2-25　培训需求调查表

Office办公软件应用培训成绩表

序号	部门	姓名	Word	Excel	PowerPoint	平均分	成绩是否达标	排名
1	市场部	王睿钦	80	85	80	81.7	达标	11
2	物流部	文路南	86	90	95	90.3	达标	3
3	财务部	钱新	68	70	56	64.7	未达标	16
4	市场部	英冬	92	95	100	95.7	达标	1
5	行政部	令狐颖	88	90	95	91.0	达标	2
6	物流部	柏国力	85	90	90	88.3	达标	5
7	行政部	周家树	82	85	90	85.7	达标	8
8	人力资源部	赵力	80	80	72	77.3	达标	14
9	市场部	夏蓝	80	88	80	82.7	达标	10
10	物流部	段齐	86	78	90	84.7	达标	9
11	财务部	李莫蓣	89	90	92	90.3	达标	3
12	行政部	林帝	90	75	80	81.7	达标	11
13	市场部	牛婷婷	65	70	75	70.0	未达标	15
14	市场部	米思亮	82	90	86	86.0	达标	7
15	人力资源部	柯娜	90	83	92	88.3	达标	5
16	物流部	高玲珑	72	86	78	78.7	达标	13

培训成绩分析表

分数等级	90—100	80—89	70—79	60—69	60以下
人数(个)	4	8	3	1	0
总人数	16	最高分	95.7	最低分	64.7
		优秀率	25.0%	达标率	87.5%

表格说明：培训结果成绩总分75分为达标，不足75分为未达标。

图 2-26　培训成绩统计分析表

2.6.3　知识与技能

- 工作簿的创建
- 工作表重命名
- 插入特殊符号
- 美化工作表
- 函数 AVERAGE、IF、RANK、COUNTIF、 SUM、MAX 和 MIN 的应用
- 数据排序
- 条件格式

2.6.4　解决方案

任务1 创建"培训需求调查表"工作簿

（1）启动 Excel 2010，新建一空白工作簿。

（2）将创建的工作簿以"培训需求调查表"为名保存在"D:\公司文档\人力资源部"文件夹中。

任务2 重命名工作表和删除工作表

（1）双击"Sheet1"工作表标签，进入标签重命名状态，输入"培训调查表"，按【Enter】

键确认。

（2）按住【Ctrl】键，同时选中“Sheet2”和“Sheet3”工作表，鼠标右键单击所选的任一工作表，从弹出的快捷菜单中选择【删除】命令，删除同时选中的工作表。

任务 3 编辑“培训调查表”

（1）输入表格标题和内容。

① 选中 A1 单元格，输入“Office 办公软件应用培训需求调查表”。

② 在 A2:I23 单元格区域中输入图 2-27 所示的内容。

	A	B	C	D	E	F	G	H	I	J	K	L	M	N	O	P
1	Office办公软件应用培训需求调查表															
2	公司近期将对Microsoft Office办公软件进行应用技能培训，为了使培训能最紧密结合您的工作，能为您的工作提供最直接的帮助，请您根据自身实际情况如实填写该表。谨此感谢您的合作！															
3	使用情况（单选项）															
4	办公中使用Office组件最多的是哪个？		Excel		Word		PowerPoint		其他组件							
5	您对哪个Office组件最感兴趣？		Excel		Word		PowerPoint		其他组件							
6	您认为自己Office软件的使用水平属于哪个？		入门级		初级		中级		高级							
7	您使用Office软件的时间为？		零经验		1年以下		1-2年		3年以上							
8	遇到Office办公软件问题您最常用哪种方式解决问题？		查找书籍		求助同事		上网查询		其他方式							
9	您曾经参加过几次Excel软件的相关培训?		少于1次		1-2次		3-5次		6次以上							
10	培训需求（多选项）															
11	在日常工作中遇到哪些Word问题？		排版格式		组织架构		插入图形		操作不熟悉							
12	针对Word的培训内容，您最需要重点讲哪些方面？		文档编辑		文档排版		文档加密		文档恢复							
13			追踪修订		邮件合并		插入目录		页眉页脚							
14	在日常工作中遇到哪些Excel问题？		数据排序		公式和函数		数据保护		操作不熟悉							
15	针对Excel的培训内容，您最需要重点讲哪些方面？		数据输入		基本公式		制作图表		条件格式							
16			分类汇总		数据透视表		数据有效性		其他							
17	在日常工作中遇到哪些PowerPoint问题？		内容t编辑		排版格式		菜单功能		操作不熟悉							
18	针对PowerPoint的培训内容，您最需要重点讲哪些方面？		幻灯片编辑		使用模板		插入文本框		艺术字							
19			制作图表		动画效果		幻灯片母版		多媒体应用							
20	其他问题（文字描述项）															
21	您和您所在的部门针对Office的哪些应用比较多？具体应用在哪些方面的工作（如数据统计、成果展示、客户培训等）？															
22	您在日常工作中使用Office办公软件还有哪些困难？															
23	除了问卷所涉及到的内容，您对本次培训还有哪些其他相关建议和期望（可附纸说明）：															

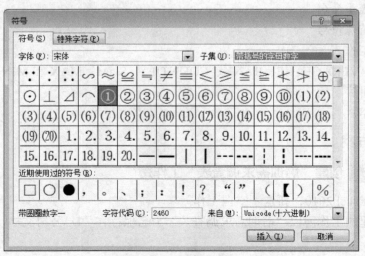

图 2-27 “培训调查表”内容

（2）输入带括号的字母数字。

① 双击 A4 单元格，将鼠标指针置于该单元格文字的最前面。

② 单击【插入】→【符号】→【符号Ω】按钮，打开“符号”对话框。

③ 在“符号”对话框中，单击“子集”右侧的下拉按钮，在列表中选择“带括号的字母数字”，如图 2-28 所示。

图 2-28 “符号”对话框

④ 在备选图框中选择“①”图标，单击【插入】按钮，将选中的“①”插入到 A4 单

元格内的文字之前，此时【取消】按钮变为【关闭】按钮，单击【关闭】按钮，关闭"符号"对话框。

⑤ 按此操作方法，在 A5:A9 单元格区域的文字之前分别输入"②～⑥"，在 A11、A12、A14、A15、A17、A18 单元格区域中输入"①～⑥"，如图 2-29 所示。

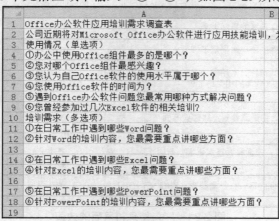

图 2-29　输入带括号的字母数字

（3）插入特殊符号"〇"。

① 同时选中 B4:B9、D4:D9、F4:F9 及 H4:H9 单元格区域。

② 单击【插入】→【符号】→【符号Ω】按钮，打开"符号"对话框。在"符号"对话框中，单击"子集"右侧的下拉按钮，在列表中选择"几何图形符号"，如图 2-30 所示，在备选图框中选择"〇"图标，单击【关闭】按钮关闭"符号"对话框。

③ 按住【Ctrl】+【Enter】组合键，在选中的单元格区域中批量输入特殊符号"〇"。

（4）插入特殊符号"□"。

① 同时选中 B11:B19、D11:D19、F11:F19 及 H11:H19 单元格区域。

② 打开"符号"对话框，在"几何图形符号"子集图标中，选择图 2-30 所示的"□"图标。

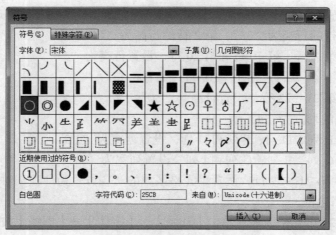

图 2-30　选择"〇"图标

③ 按住【Ctrl】+【Enter】组合键，在选中的单元格区域中批量输入特殊符号"□"。插入特殊符号后的效果如图 2-31 所示。

	A	B	C	D	E	F	G	H	I
1	Office办公软件应用培训需求调查表								
2	公司近期将对Microsoft Office办公软件进行应用技能培训，为了使培训能最紧密结合您的工作，能为您的工作提								
3	使用情况　　（单选项）								
4	①办公中使用Office组件最多的是哪个？	○	Excel	○	Word	○	PowerPoin	○	其他组件
5	②您对哪个Office组件最感兴趣？	○	Excel	○	Word	○	PowerPoin	○	其他组件
6	③您认为自己Office软件的使用水平属于哪个？	○	入门级	○	初级	○	中级	○	高级
7	④使用Office软件的时间为？	○	零经验	○	1年以下	○	1-2年	○	3年以上
8	⑤遇到Office办公软件问题您最常用哪种方式解决你	○	查找书籍	○	求助同事	○	上网查询	○	其他方式
9	⑥您曾经参加过几次Excel软件的相关培训？	○	少于1次	○	1-2次	○	3-5次	○	6次以上
10	培训需求（多选项）								
11	①在日常工作中遇到哪些Word问题？	□	排版格式	□	组织架构	□	插入图形	□	操作不熟悉
12	②针对Word的培训内容，您最需要重点讲哪些方面？	□	文档编辑	□	文档排版	□	文档加密	□	文档恢复
13		□	追踪修订	□	邮件合并	□	插入目录	□	页眉页脚
14	③在日常工作中遇到哪些Excel问题？	□	数据排序	□	公式和函数	□	数据保护	□	操作不熟悉
15	④针对Excel的培训内容，您最需要重点讲哪些方面	□	数据输入	□	基本公式	□	制作图表	□	条件格式
16		□	分类汇总	□	数据透视表	□	数据有效性	□	其他
17	⑤在日常工作中遇到哪些PowerPoint问题？	□	内容t编辑	□	排版格式	□	菜单功能	□	操作不熟悉
18	⑥针对PowerPoint的培训内容，您最需要重点讲哪些	□	幻灯片编辑	□	使用模板	□	插入文本框	□	艺术字
19		□	制作图表	□	动画效果	□	幻灯片母版	□	多媒体应用

图 2-31　插入特殊符号后的效果

任务 4　美化"培训调查表"

（1）设置表格标题格式。

① 选中 A1:I1 单元格区域，设置"合并后居中"。

② 将标题字体设置为"华文楷体"、字号为"18"、加粗。

（2）设置 A2:I23 单元格区域的字体为"华文细黑"、字号为"10"。

（3）选中 A2:I2 单元格区域，设置为"合并单元格""自动换行"。

（4）同时选中 A3:I3、A10:I10 以及 A20:I20 单元格区域，设置"合并后居中"、字号为"12"、加粗，并添加"白色 背景 1，深色 5%"的底纹。

（5）选中 A21:I23 单元格区域，设置为"跨越合并"。

（6）分别将 A12:A13、A15:A16 及 A18:A19 单元格区域进行"合并单元格"操作。

（7）调整行高和列宽。

① 设置第 1 行的行高为"35"，第 2 行的行高为"45"。

② 同时选中第 3 行、第 10 行和第 20 行，设置行高为"23"。

③ 同时选中第 4～9 行、第 11～19 行，设置行高为"21"。

④ 同时选中第 21～23 行，设置行高为"80"。

⑤ 设置 A 列的列宽为"43"。

⑥ 同时选中 B 列、D 列、F 列和 H 列，设置列宽为"2.5"。

⑦ 同时选中 C 列、E 列、G 列和 I 列，设置列宽为"9"。

（8）同时选中第 21～23 行，设置单元格区域的对齐方式为"顶端对齐"。

（9）设置表格边框。

① 选中 A2:I23 单元格区域，单击【开始】→【字体】→【框线】按钮 右侧的下拉按钮，在打开的下拉菜单中选择"所有框线"命令；再次单击【框线】按钮右侧的下拉按

钮，在打开的下拉菜单中选择"粗匣框线"命令。

② 擦除边框。单击【开始】→【字体】→【框线】按钮 右侧的下拉按钮，在打开的下拉菜单中选择"绘制边框"下的"擦除边框"命令，此时鼠标指针变为橡皮擦形状 ，在 B4:B9 和 C4:C9 单元格区域之间拖动鼠标，擦除边框；采用类似的操作，将 D4:D9 和 E4:E9 单元格区域之间的边框、F4:F9 和 G4:G9 单元格区域之间的边框、H4:H9 和 I4:I9 单元格区域之间的边框、B11:B19 和 C11:C19 单元格区域之间的边框、D11:D19 和 E11:E19 单元格区域之间的边框、F11:F19 和 G11:G19 单元格区域之间的边框、H11:H19 和 I11:I19 单元格区域之间的边框擦除。擦除后的效果如图 2-32 所示。单击【保存】按钮或再次单击【边框】按钮，取消擦除边框的状态。

	A	B	C	D	E	F	G	H	I
1	Office办公软件应用培训需求调查表								
2	公司近期将对Microsoft Office办公软件进行应用技能培训，为了使培训能最紧密结合您的工作，能为您的工作提供最直接的帮助，请您根据自身实际情况如实填写该表。谨此感谢您的合作！								
3	使用情况（单选项）								
4	①办公中使用Office组件最多的是哪个？	○ Excel		○ Word		○ PowerPoint		○ 其他组件	
5	②您对哪个Office组件最感兴趣？	○ Excel		○ Word		○ PowerPoint		○ 其他组件	
6	③您认为自己Office软件的使用水平属于哪个？	○ 入门级		○ 初级		○ 中级		○ 高级	
7	④您使用Office软件的时间为？	○ 零经验		○ 1年以下		○ 1-2年		○ 3年以上	
8	⑤遇到Office办公软件问题您最常用哪种方式解决问题？	○ 查找书籍		○ 求助同事		○ 上网查询		○ 其他方式	
9	⑥您曾经参加过几次Excel软件的相关培训？	○ 少于1次		○ 1-2次		○ 3-5次		○ 6次以上	
10	培训需求（多选项）								
11	①在日常工作中遇到哪些Word问题？	□ 排版格式		□ 组织架构		□ 插入图形		□ 操作不熟悉	
12	②针对Word的培训内容，您最需要重点讲哪些方面？	□ 文档编辑		□ 文档排版		□ 文档加密		□ 文档恢复	
13		□ 追踪修订		□ 邮件合并		□ 插入目录		□ 页眉页脚	
14	③在日常工作中遇到哪些Excel问题？	□ 数据排序		□ 公式和函数		□ 数据保护		□ 操作不熟悉	
15	④针对Excel的培训内容，您最需要重点讲哪些方面？	□ 数据输入		□ 基本公式		□ 制作图表		□ 条件格式	
16		□ 分类汇总		□ 数据透视表		□ 数据有效性		□ 其他	
17	⑤在日常工作中遇到哪些PowerPoint问题？	□ 内容编辑		□ 排版格式		□ 菜单功能		□ 操作不熟悉	
18	⑥针对PowerPoint的培训内容，您最需要重点讲哪些方面？	□ 幻灯片编辑		□ 使用模板		□ 插入文本框		□ 艺术字	
19		□ 制作图表		□ 动画效果		□ 幻灯片母版		□ 多媒体应用	

图 2-32　擦除部分边框的效果

（10）取消编辑栏和网格线的显示。

（11）设置页面格式。

① 单击【页面布局】→【页面设置】按钮，打开"页面设置"对话框。

② 在"页面"选项卡中，设置纸张大小为"A4"，纸张方向为"纵向"。

③ 切换到"页边距"选项卡，设置图 2-33 所示的页边距。

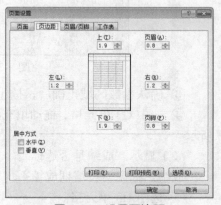

图 2-33　设置页边距

任务 5 创建"员工培训成绩统计表"

（1）启动 Excel 2010，新建一个空白工作簿。

（2）将创建的工作簿以"员工培训成绩统计表"为名保存在"D:\公司文档\人力资源部"文件夹中。

（3）将 Sheet1 工作表重命名为"培训成绩"。

（4）在"培训成绩"工作表中，输入图 2-34 所示的员工培训成绩表。

	A	B	C	D	E	F	G	H	I
1	Office办公软件应用培训成绩表								
2	序号	部门	姓名	Word	Excel	PowerPoint	平均分	成绩是否达标	排名
3	1	市场部	王睿钦	80	85	80			
4	2	物流部	文路南	86	90	95			
5	3	财务部	钱新	68	70	56			
6	4	市场部	英冬	92	95	100			
7	5	行政部	令狐颖	88	90	95			
8	6	物流部	柏国力	85	90	90			
9	7	行政部	周家树	82	85	90			
10	8	人力资源部	赵力	80	80	72			
11	9	市场部	夏蓝	80	88	80			
12	10	物流部	段齐	86	78	90			
13	11	财务部	李莫薷	89	90	92			
14	12	行政部	林帝	90	75	80			
15	13	市场部	牛婷婷	65	70	75			
16	14	市场部	米思亮	82	90	86			
17	15	人力资源部	柯郦	90	83	92			
18	16	物流部	高玲珑	72	86	78			

图 2-34 培训成绩

任务 6 统计培训成绩

（1）统计"平均分"。

① 选中 G3 单元格。

② 单击【开始】→【编辑】→【自动求和】右侧的下拉按钮，从列表中选择"平均值"命令，自动构造出图 2-35 所示的公式。

	A	B	C	D	E	F	G	H	I	J
1	Office办公软件应用培训成绩表									
2	序号	部门	姓名	Word	Excel	PowerPoint	平均分	成绩是否达标	排名	
3	1	市场部	王睿钦	80	85	80	=AVERAGE(D3:F3)			
4	2	物流部	文路南	86	90	95	AVERAGE(number1, [number2], ...)			
5	3	财务部	钱新	68	70	56				
6	4	市场部	英冬	92	95	100				
7	5	行政部	令狐颖	88	90	95				
8	6	物流部	柏国力	85	90	90				
9	7	行政部	周家树	82	85	90				
10	8	人力资源部	赵力	80	80	72				
11	9	市场部	夏蓝	80	88	80				
12	10	物流部	段齐	86	78	90				
13	11	财务部	李莫薷	89	90	92				
14	12	行政部	林帝	90	75	80				
15	13	市场部	牛婷婷	65	70	75				
16	14	市场部	米思亮	82	90	86				
17	15	人力资源部	柯郦	90	83	92				
18	16	物流部	高玲珑	72	86	78				

图 2-35 构造"平均分"计算公式

③ 确认参数区域正确后，按【Enter】键，得出计算结果。

④ 选中 G3 单元格，拖动填充柄至 G18 单元格，计算出所有员工的平均分，如图 2-36 所示。

（2）显示"成绩是否达标"。

成绩达标说明：培训成绩平均分为 75 分达标，不足 75 分为未达标。

① 选中 H3 单元格。

	A	B	C	D	E	F	G	H	I
1	Office办公软件应用培训成绩表								
2	序号	部门	姓名	Word	Excel	PowerPoint	平均分	成绩是否达标	排名
3	1	市场部	王睿钦	80	85	80	81.6667		
4	2	物流部	文路南	86	90	95	90.3333		
5	3	财务部	钱新	68	70	56	64.6667		
6	4	市场部	英冬	92	95	100	95.6667		
7	5	行政部	令狐颖	88	90	95	91		
8	6	物流部	柏国力	85	90	90	88.3333		
9	7	行政部	周家树	82	85	90	85.6667		
10	8	人力资源部	赵力	80	80	72	77.3333		
11	9	市场部	夏蓝	80	88	80	82.6667		
12	10	物流部	段齐	86	78	90	84.6667		
13	11	财务部	李莫薷	89	90	92	90.3333		
14	12	行政部	林帝	90	75	80	81.6667		
15	13	市场部	牛婷婷	65	70	75	70		
16	14	市场部	米思亮	82	90	86	86		
17	15	人力资源部	柯娜	90	83	92	88.3333		
18	16	物流部	高玲珑	72	88	78	78.6667		

图 2-36 统计出 "平均分"

② 单击【公式】→【函数库】→【插入函数】按钮，打开"插入函数"对话框。

③ 从"选择函数"列表中选择"IF"函数，单击【确定】按钮，打开"函数参数"对话框。

④ 按图 2-37 所示设置参数，单击【确定】按钮，得到该区域中第一个人的成绩等级。

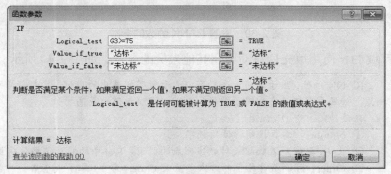

图 2-37 设置 IF 函数的参数

⑤ 选中区域 H3，使用填充柄自动填充其他人员的"成绩是否达标"，如图 2-38 所示。

	A	B	C	D	E	F	G	H	I
1	Office办公软件应用培训成绩表								
2	序号	部门	姓名	Word	Excel	PowerPoint	平均分	成绩是否达标	排名
3	1	市场部	王睿钦	80	85	80	81.6667	达标	
4	2	物流部	文路南	86	90	95	90.3333	达标	
5	3	财务部	钱新	68	70	56	64.6667	未达标	
6	4	市场部	英冬	92	95	100	95.6667	达标	
7	5	行政部	令狐颖	88	90	95	91	达标	
8	6	物流部	柏国力	85	90	90	88.3333	达标	
9	7	行政部	周家树	82	85	90	85.6667	达标	
10	8	人力资源部	赵力	80	80	72	77.3333	达标	
11	9	市场部	夏蓝	80	88	80	82.6667	达标	
12	10	物流部	段齐	86	78	90	84.6667	达标	
13	11	财务部	李莫薷	89	90	92	90.3333	达标	
14	12	行政部	林帝	90	75	80	81.6667	达标	
15	13	市场部	牛婷婷	65	70	75	70	未达标	
16	14	市场部	米思亮	82	90	86	86	达标	
17	15	人力资源部	柯娜	90	83	92	88.3333	达标	
18	16	物流部	高玲珑	72	88	78	78.6667	达标	

图 2-38 填充好所有人的达标结论

（3）统计成绩"排名"。

① 选中 I3 单元格。

② 单击【公式】→【函数库】→【插入函数】按钮，打开"插入函数"对话框。

③ 从"选择函数"列表中选择"RANK"函数，单击【确定】按钮，打开"函数参数"对话框。

④ 在"Number"处选择单元格 G3，在"Ref"处选择区域 G3:G18，并按【F4】键将区域修改为绝对引用"$G$3:$G$18"，如图 2-39 所示，单击【确定】按钮，得到该区域中第一个人的成绩等级。

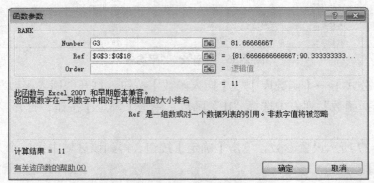

图 2-39　设置 RANK 函数的参数

⑤ 选中区域 I3，使用填充柄自动填充其他人员的名次，如图 2-40 所示。

**活力
小贴士**

RANK 函数，用于返回一个数字以表示数字列表中的排位。其大小与列表中的其他值相关。如果多个值具有相同的排位，则返回该组数值的最高排位。

语法：RANK (Number,Ref,[Order])

① Number：需要找到排位的数字。

② Ref：数字列表数组或对数字列表的引用。Ref 中的非数值型值将被忽略。

③ Order：指明数字排位的方式。如果 Order 为 0（零）或省略，对数字的排位是基于 Ref 按照降序排列的；如果 Order 不为零，对数字的排位是基于 Ref 按照升序排列的。

	A	B	C	D	E	F	G	H	I
1	Office办公软件应用培训成绩表								
2	序号	部门	姓名	Word	Excel	PowerPoint	平均分	成绩是否达标	排名
3	1	市场部	王睿钦	80	85		81.6667	达标	11
4	2	物流部	文路南	86	90	95	90.3333	达标	3
5	3	财务部	钱新	68	70	56	64.6667	未达标	16
6	4	市场部	英冬	92	95	100	95.6667	达标	1
7	5	行政部	令狐颖	88	90	95	91	达标	2
8	6	物流部	柏国力	85	90	90	88.3333	达标	5
9	7	行政部	周家树	82	85	90	85.6667	达标	8
10	8	人力资源部	赵力	80	80	72	77.3333	达标	14
11	9	市场部	夏蓝	80	88	80	82.6667	达标	10
12	10	物流部	段乔	86	78	90	84.6667	达标	9
13	11	财务部	李莫薷	89	90	92	90.3333	达标	3
14	12	行政部	林帝	90	75	80	81.6667	达标	11
15	13	市场部	牛婷婷	65	70	75	70	未达标	15
16	14	物流部	米思亮	82	90	86	86	达标	7
17	15	人力资源部	柯郦	90	83	92	88.3333	达标	5
18	16	物流部	高玲珑	72	86	78	78.6667	达标	13

图 2-40　填充好所有人的名次

任务 7　分析培训成绩

（1）复制"培训成绩"工作表，将复制的工作表重命名为"培训成绩分析"。

（2）在培训成绩表下方创建图 2-41 所示的"培训成绩分析表"框架。

	A	B	C	D	E	F	G	H	I
1	Office办公软件应用培训成绩表								
2	序号	部门	姓名	Word	Excel	PowerPoint	平均分	成绩是否达标	排名
3	1	市场部	王睿钦	80	85	80	81.6667	达标	11
4	2	物流部	文路南	86	90	95	90.3333	达标	3
5	3	财务部	钱新	68	70	56	64.6667	未达标	16
6	4	市场部	英冬	92	95	100	95.6667	达标	1
7	5	行政部	令狐颖	88	90	95	91	达标	2
8	6	物流部	柏国力	85	90	90	88.3333	达标	5
9	7	行政部	周家树	82	85	90	85.6667	达标	8
10	8	人力资源部	赵力	80	80	72	77.3333	达标	14
11	9	市场部	夏蓝	80	88	80	82.6667	达标	10
12	10	物流部	段齐	86	78	90	84.6667	达标	9
13	11	财务部	李莫蕭	89	90	92	90.3333	达标	3
14	12	行政部	林帝	90	75	80	81.6667	达标	11
15	13	市场部	牛婷婷	65	70	75	70	未达标	15
16	14	市场部	米思亮	82	90	86	86	达标	7
17	15	人力资源部	柯娜	90	83	92	88.3333	达标	5
18	16	物流部	高玲珑	72	86	78	78.6667	达标	13
19									
20									
21	培训成绩分析表								
22	分数等级	90～100	80～89	70～79	60～69	60以下			
23	人数(个)								
24	总人数		最高分		最低分				
25			优秀率		达标率				
26									

图 2-41 "培训成绩分析表"框架

（3）统计"90～100"分数段的人数。

① 选中 C23 单元格。

② 单击【公式】→【函数库】→【插入函数】按钮，打开"插入函数"对话框。

③ 从"选择函数"列表中选择"COUNTIF"函数，单击【确定】按钮，打开"函数参数"对话框。

④ 在"Range"处选择单元格区域 G3:G18，在"Criteria"处输入条件">=90"，如图 2-42 所示，单击【确定】按钮，统计出满足条件的人数。

**活力
小贴士**

COUNTIF 函数是 Microsoft Excel 中对指定区域中符合指定条件的单元格计数的一个函数。

语法：COUNTIF（Range,Criteria）

参数说明如下。

① Range 要计算其中非空单元格数目的区域。可以包含数字、数组以及命名的区域或包含数字的引用。忽略空值和文本值。

② Criteria：以数字、表达式或文本形式定义的条件。

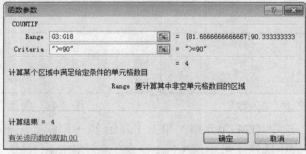

图 2-42 设置 COUNTIF 函数参数

（4）统计"80～89"分数段的人数。

① 选中 D23 单元格。

② 输入格式"=COUNTIF(G3:G18,">=80")−COUNTIF(G3:G18,">=90")"，按【Enter】键确认，统计出"80～89"分数段的人数。

活力
小贴士

COUNTIF(G3:G18,">=80")统计出 G3:G18 单元格区域中 80 分以上的人数，其中包括了 90 分以上的人数。因此，要统计"80～89"分数段的人数，需要减去 90 分以上的人数。下面统计"70～79"分数段以及"60～69"分数段的人数方法类似。

（5）统计"70～79"分数段的人数。

① 选中 E23 单元格。

② 输入格式 "=COUNTIF(G3:G18,">=70")–COUNTIF(G3:G18,">=80")"，按【Enter】键确认，统计出"70～79"分数段的人数。

（6）统计"60～69"分数段的人数。

① 选中 F23 单元格。

② 输入格式 "=COUNTIF(G3:G18,">=60")–COUNTIF(G3:G18,">=70")"，按【Enter】键确认，统计出"60～69"分数段的人数。

（7）统计"60 以下"分数段的人数。

① 选中 G23 单元格。

② 输入格式 "=COUNTIF(G3:G18,"<60")"，按【Enter】键确认，统计出"60 以下"的人数。

（8）统计总人数。

① 选中 C24 单元格。

② 单击【开始】→【编辑】→【自动求和】按钮 Σ 自动求和，自动构造出图 2-43 所示的公式。默认选取的参数区域不正确，使用鼠标重新选择准确的参数区域"C23:G23"。

③ 按【Enter】键确认。

（9）统计最高分和最低分。

① 统计最高分。选中 E24 单元格，单击【开始】→【编辑】→【自动求和】按钮右侧的下拉按钮，从列表中选择【最大值（M）】命令，自动构造出图 2-44 所示的公式。默认选取的参数区域不正确，使用鼠标重新拖动选择准确的参数区域"G3:G18"，按【Enter】键确认。

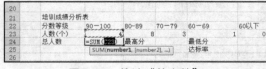

图 2-43 统计"总人数"	图 2-44 统计"最高分"

② 统计最低分。选中 G24 单元格，单击【开始】→【编辑】→【自动求和】按钮右侧的下拉按钮，从列表中选择【最小值（I）】命令，自动构造出公式"=MIN(G23)"。默认选取的参数区域不正确，使用鼠标重新拖动选择准确的参数区域"G3:G18"，按【Enter】键确认。

（10）统计优秀率和达标率。

优秀率为 90～100 分段占总人数的比例，达标率为"达标"人数占总人数的比例。

① 统计优秀率。选中 E25 单元格，输入公式"=C23/C24"，按【Enter】键确认。

② 统计达标率。选中 G25 单元格，输入公式"=COUNTIF(H3:H18,"达标")/C24"，按【Enter】键确认。

任务 8 美化工作表

（1）选中"培训成绩分析表"工作表。

（2）美化"Office 办公软件应用培训成绩表"表格。

① 设置表格标题格式。选中 A1:I1 单元格，设置为"合并后居中"，设置字体为"华文新魏"、字号为"18"，并设置标题行的行高为"40"。

② 设置"平均分"的数据格式。选中 G3:G18 单元格区域，单击【开始】→【数字】按钮，打开"设置单元格格式"对话框，在"数字"选项卡的"分类"列表中，选择"数值"类型，并设置"小数位数"为 1 位，如图 2-45 所示。

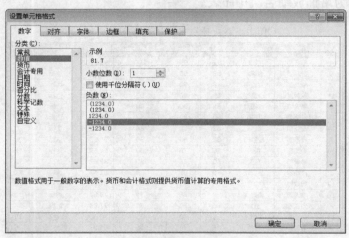

图 2-45 设置"平均分"的数据格式

③ 设置 A2:I18 单元格区域的字体为"微软雅黑"、字号为"11"，居中对齐。

④ 为 A2:I18 单元格区域添加浅蓝色内细外粗的边框。

⑤ 设置 A2:I2 单元格区域的字体为加粗、白色、浅蓝色填充色，并设置行高为 24。

⑥ 选中 A～I 列，鼠标双击任意两列之间的列线，设置最合适的列宽。

⑦ 设置第 3～18 行的行高为"20"。

（3）美化"培训成绩分析表"表格。

① 设置 B21:G21 单元格区域"合并后居中"，并设置字体为"华文隶书"、字号为"18"。

② 分别合并 B24:B25 和 C24:C25 单元格。

③ 设置 E24、G24 单元格的格式为保留 1 位小数的数值格式，设置 E25、G25 单元格的格式为保留 1 位小数的百分比格式。

④ 设置 B22:G25 单元格区域的字体为"微软雅黑"、字号为"11"，居中对齐，并设置内细外粗的浅蓝色边框。

⑤ 设置第 22～25 行的行高为"20"。

（4）在 B27 单元格中输入的内容为"表格说明：培训结果成绩总分 75 分为达标，不足 75 分为未达标。"设置字体为"华文细黑"、字号为"10"。

（5）取消工作表编辑栏和网格线的显示。

2.6.5　项目小结

本项目通过制作"培训需求调查表"和"员工培训成绩统计表"，主要介绍了工作簿的创建、工作表重命名、插入特殊符号、使用函数 AVERAGE、IF、RANK、COUNTIF、SUM、MAX 和 MIN 进行统计和分析。此外，还介绍了合并后居中、合并单元格、文本换行、设置文本格式、数据格式、表格边框，以及取消工作表的编辑栏和网格线等表格的美化修饰操作。

2.6.6　拓展项目

1. 按培训成绩名次进行升序排列

图 2-46 所示为培训成绩名次排序表。

Office办公软件应用培训成绩统计分析表

序号	部门	姓名	Word	Excel	PowerPoint	平均分	成绩是否达标	排名
4	市场部	英冬	92	95	100	95.67	达标	1
5	行政部	令狐颖	88	90	95	91.00	达标	2
2	物流部	文路南	86	90	95	90.33	达标	3
11	财务部	李莫蕙	89	90	92	90.33	达标	3
6	物流部	柏国力	85	90	90	88.33	达标	5
15	人力资源部	柯娜	90	83	92	88.33	达标	5
14	市场部	米思亮	82	90	86	86.00	达标	7
7	行政部	周家树	82	85	90	85.67	达标	8
10	物流部	段齐	86	78	90	84.67	达标	9
9	市场部	夏蓝	80	88	80	82.67	达标	10
1	市场部	王睿钦	80	85	80	81.67	达标	11
12	行政部	林帝	90	75	80	81.67	达标	11
16	物流部	高玲珑	72	86	78	78.67	达标	13
8	人力资源部	赵力	80	80	72	77.33	达标	14
13	市场部	牛婷婷	65	70	75	70.00	未达标	15
3	财务部	钱新	68	70	56	64.67	未达标	16

图 2-46　培训成绩名次排序

2. 将培训成绩未达标的突出显示出来

对培训成绩未达标的人员突出显示出来，如图 2-47 所示。

Office办公软件应用培训成绩统计分析表

序号	部门	姓名	Word	Excel	PowerPoint	平均分	成绩是否达标	排名
1	市场部	王睿钦	80	85	80	81.67	达标	11
2	物流部	文路南	86	90	95	90.33	达标	3
3	财务部	钱新	68	70	56	64.67	未达标	16
4	市场部	英冬	92	95	100	95.67	达标	1
5	行政部	令狐颖	88	90	95	91.00	达标	2
6	物流部	柏国力	85	90	90	88.33	达标	5
7	行政部	周家树	82	85	90	85.67	达标	8
8	人力资源部	赵力	80	80	72	77.33	达标	14
9	市场部	夏蓝	80	88	80	82.67	达标	10
10	物流部	段齐	86	78	90	84.67	达标	9
11	财务部	李莫蕙	89	90	92	90.33	达标	3
12	行政部	林帝	90	75	80	81.67	达标	11
13	市场部	牛婷婷	65	70	75	70.00	未达标	15
14	市场部	米思亮	82	90	86	86.00	达标	7
15	人力资源部	柯娜	90	83	92	88.33	达标	5
16	物流部	高玲珑	72	86	78	78.67	达标	13

图 2-47　对培训成绩未达标的突出显示

项目 7 员工信息管理

示例文件	原始文件：示例文件\素材文件\项目 7\员工信息管理表.xlsx
	效果文件：示例文件\效果文件\项目 7\员工信息管理表.xlsx

2.7.1 项目背景

员工人事信息管理是人力资源部门的基础工作。员工信息管理表是企业掌握员工基本信息的一个重要途径。通过员工信息管理表不但可以了解员工基本信息，还可以随时对员工基本情况进行查看、统计和分析等。本项目以制作"员工信息管理表"为例，介绍 Excel 在员工信息管理中的应用。

2.7.2 项目效果

图 2-48 所示为员工基本信息表。

编号	姓名	部门	身份证号码	入职时间	学历	职称	性别	出生日期
\multicolumn{9}{公司员工基本信息表}								
KY001	方成建	市场部	510121197009090030	1993-7-10	本科	高级经济师	男	1970-9-9
KY002	桑南	人力资源部	41012119821104626X	2006-6-28	专科	助理统计师	女	1982-11-4
KY003	何宇	市场部	510121197408058434	1997-3-20	硕士	高级经济师	男	1974-8-5
KY004	刘光利	行政部	62012119690724800X	1991-7-15	中专	无	女	1969-7-24
KY005	钱新	财务部	440121197310192842	1997-7-1	本科	高级会计师	男	1973-10-19
KY006	曾科	财务部	510121198506208452	2010-7-20	硕士	会计师	男	1985-6-20
KY007	李莫薷	物流部	530121198011298443	2003-7-10	本科	助理会计师	女	1980-11-29
KY008	周苏嘉	行政部	310681197905210924	2001-6-30	本科	工程师	女	1979-5-21
KY009	黄雅玲	市场部	110121198109080800	2005-7-4	本科	经济师	女	1981-9-8
KY010	林菱	市场部	521121198304298428	2005-6-28	专科	工程师	女	1983-4-29
KY011	司马意	行政部	51012119730923821X	1996-7-2	本科	助理工程师	男	1973-9-23
KY012	令狐珊	物流部	320121196806278248	1993-5-10	高中	无	女	1968-6-27
KY013	慕容勤	财务部	780121198402108211	2006-6-25	中专	助理会计师	男	1984-2-10
KY014	柏н力	人力资源部	510121196703138215	1993-7-5	硕士	高级经济师	男	1967-3-13
KY015	周谦	物流部	52312119900924821X	2012-8-1	本科	工程师	男	1990-9-24
KY016	刘民	市场部	110151196908020215	1993-7-10	硕士	高级工程师	男	1969-8-2
KY017	尔阿	物流部	356121198405258012	2006-7-20	本科	工程师	男	1984-5-25
KY018	夏蓝	人力资源部	21012119880515802X	2010-7-3	专科	工程师	女	1988-5-15
KY019	皮桂华	行政部	511121196902268022	1989-6-29	专科	助理工程师	女	1969-2-26
KY020	段齐	人力资源部	512521196804057835	1993-7-18	本科	工程师	男	1968-4-5
KY021	费乐	财务部	512221198612018827	2007-6-30	本科	会计师	女	1986-12-1
KY022	高亚玲	行政部	460121197802168822	2001-7-15	本科	工程师	女	1978-2-16
KY023	苏洁	市场部	552121198009308825	1999-4-15	高中	无	女	1980-9-30
KY024	江宽	人力资源部	51012119750507881X	2001-7-6	硕士	高级经济师	男	1975-5-7
KY025	王利伟	市场部	350583197810120072	2001-8-15	本科	经济师	男	1978-10-12

图 2-48 员工基本信息表

2.7.3 知识与技能

- 创建工作簿、重命名工作表
- 数据的输入
- 数据有效性的设置
- 函数 IF、MOD、TEXT、MID、COUNTIF 的使用
- 导出文件
- 工作表的修饰
- 复制工作表

2.7.4 解决方案

任务 1 创建工作簿和重命名工作表

（1）启动 Excel 2010，系统自动创建一空白工作簿。

（2）以"员工信息管理表"为名将新建的工作簿保存在"D:\公司文档\人力资源部"文件夹中。

（3）将"员工信息管理表"中的 Sheet1 工作表重命名为"员工基本信息"。鼠标右键单击 Sheet1 工作表标签，从弹出的快捷菜单中选择【重命名】命令，输入新的工作表名称"员工基本信息"，按【Enter】键确认。

任务 2 创建"员工信息管理表"基本框架

（1）输入表格标题字段。在 A1:I1 单元格中分别输入各个字段的标题内容，如图 2-49 所示。

图 2-49 "员工信息管理表"列标题

（2）输入"编号"。

① 在 A2 单元格中输入"KY001"。

② 选中 A2 单元格，按住鼠标左键拖曳其右下角的填充柄至 A26 单元格，如图 2-50 所示。填充后的"编号"数据如图 2-51 所示。

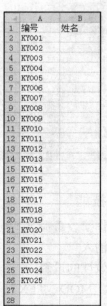

图 2-50 使用填充柄填充"编号"　　　　图 2-51 填充后的"编号"

（3）参照图 2-48 输入员工"姓名"。

任务 3 输入员工的"部门"

（1）为"部门"设置有效数据序列。

对于一个公司而言，它的工作部门是相对固定的，为了提高输入效率，我们可以为"部门"定义一组序列值，这样，在输入数据的时候，可以直接从提供的序列值中去选取。

① 选中 C2:C26 单元格区域。

② 单击【数据】→【数据工具】→【数据有效性】按钮，打开"数据有效性"对话框。

③ 在"设置"选项卡中，单击【允许】右侧的下拉按钮，在下拉列表中，选择"序列"选项，然后在下面【来源】框中输入"行政部,人力资源部,市场部,物流部,财务部"，并选中"提供下拉箭头"选项，如图 2-52 所示。

④ 单击【确定】按钮。

活力
小贴士

这里"行政部,人力资源部,市场部,物流部,财务部"之间的逗号","均为英文状态下的逗号。

（2）利用数据有效性输入员工的"部门"。

① 选中 C2 单元格，其右侧将出现下拉按钮▼，单击下拉按钮，可出现图 2-53 所示的下拉列表，单击列表中的值可实现数据的输入。

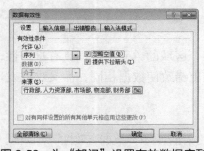

图 2-52 为"部门"设置有效数据序列

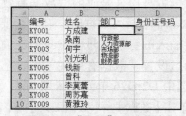

图 2-53 "部门"下拉列表

② 依次按图 2-48 所示输入每个员工的部门。

任务 4 输入员工的"身份证号码"

（1）设置"身份证号码"的数据格式。

我国公民身份证号码是由 17 位数字本体码和一位数字校验码组成，共 18 位。在 Excel 中，当输入的数字长度超过 11 位时，系统自动将该数字处理为"科学计数"格式，如"5.10E+17"。为了防止出现这种情况，我们可在输入身份证号码前，将要输入身份证号码的单元格区域设置为文本格式。

① 选中 D2:D26 单元格区域。

② 单击【开始】→【数字】→【设置单元格格式: 数字】按钮，打开图 2-54 所示的"设置单元格格式"对话框。

③ 选择"数字"选项卡，在"分类"列表框中选择"文本"。

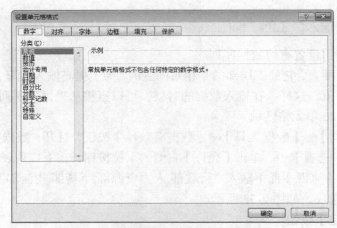

图 2-54 "设置单元格格式"对话框

④ 单击【确定】按钮。

这样，在设置好的单元格区域中就可以自由地输入数字了，当输入完数字后，会在单元格左上角显示一个绿色小三角。

**活力
小贴士**

输入超过 11 位长的数字还有如下的技巧。

① 在输入数字之前先输入英文状态下的单引号"'"，如"'552121198009308825"。

② 先将要输入长数字的单元格格式设置为"自定义"中的"@"，然后输入数字。

（2）设置身份证号码的"数据有效性"。

在 Excel 中录入数据时，有时会要求某列或某个区域的单元格数据具有唯一性，如我们这里要输入的身份证号码。我们在输入时有时会出错致使数据相同，而又难以发现，这时可以通过设置"数据有效性"来防止重复输入。

① 选中 D2:D26 单元格区域。

② 单击【数据】→【数据工具】→【数据有效性】按钮，打开"数据有效性"对话框。在【设置】选项卡中，单击【允许】右侧的下拉按钮，在弹出的下拉菜单中，选择"自定义"选项，然后在下面【公式】文本框中输入公式"=COUNTIF($D$2:$D$26,$D2)=1"，如图 2-55 所示。

③ 切换到"出错警告"选项卡，在"样式"下拉列表中选择"警告"图标，在"标题"文本框中输入"输入错误"，在"错误信息"文本框中输入"身份证号码重复!"，如图 2-56 所示。

图 2-55 设置数据有效性条件

图 2-56 设置出错警告

④ 单击【确定】按钮。

活力小贴士

设置身份证号码唯一数据有效性规定后，如果在设定的单元格区域范围内输入重复的号码时就会弹出图 2-57 所示的提示对话框。

图 2-57　提示对话框

（3）参照图 2-48 输入员工的身份证号码。

任务 5　输入"入职时间""学历"和"职称"

（1）参照图 2-48 在 E2:E26 单元格区域中输入员工的"入职时间"。

（2）参照"部门"的输入方式，输入员工的"学历"。

（3）参照"部门"的输入方式，输入员工的"职称"。

任务 6　根据员工的"身份证号码"提取员工的"性别"

身份证号码与一个人的性别、出生年月、籍贯等信息是紧密相连的，在身份证号码中保存了个人相关的信息。

对于现行的 18 位身份证号码中第 17 位代表性别，奇数为男，偶数为女。

如果能想办法从这些身份证号码中将上述个人信息提取出来，不仅快速简便，而且不容易出错，核对时也只需要对身份证号码进行检查，这可以大大提高工作效率。

这里，我们将使用 IF、MOD 和 MID 函数从身份证号码中提取性别。

（1）选中 H2 单元格。

（2）在 H2 单元格中输入公式"=IF(MOD(MID(D2,17,1),2)=1,"男","女")"。

活力小贴士

该公式的作用为判断 D2 单元格中的第 17 位数值能否被 2 整除，如果能整除，则在 H2 单元格中显示"女"，否则，显示"男"。公式中的参数说明如下。

① MID(D2,17,1)：提取 D2 单元格中第 17 位数值。

MID 函数：从文本字符串中指定的起始位置起，返回指定长度的字符。

语法形式为：MID(text,start_num,num_chars)

其中 text 是包含要提取字符的文本字符串，start_num 是文本中要提取的第一个字符的位置。num_chars 指定希望 MID 从文本中返回字符的个数。如果 start_num 加上 num_chars 超过了文本的长度，则 MID 只返回至多到文本末尾的字符。

② MOD(MID(D2,17,1),2)：返回 D2 单元格中第 17 位数值除以 2 以后的余数。

MOD 函数：返回两数相除的余数。结果的正负号与除数相同。

语法形式为：MOD(number,divisor)

其中 number 为被除数，divisor 为除数。

③ IF(MOD(MID(D2,17,1),2)=1,"男","女")：如果除以 2 以后的余数是 1，那么 H2 单元格显示为"男"，否则显示为"女"。

IF 函数：根据逻辑表达式测试的结果，返回相应的值。

语法形式为：IF（logical_test,value_if_true,value_if_false）

其中 logical_test 表示计算结果为 TRUE 或 FALSE 的任意值或表达式，value_if_true 表示 logical_test 为 TRUE 时返回的值，value_if_false 表示 logical_test 为 FALSE 时返回的值。

（3）选中 H2 单元格，用鼠标拖曳其填充柄至 H26 单元格，将公式复制到 H3:H26 单元格区域中，可得到所有员工的性别。

任务 7 根据员工的"身份证号码"提取员工的"出生日期"

在现行的 18 位身份证号码中，第 7、8、9、10 位为出生年份(四位数)，第 11、12 位为出生月份，第 13、14 位代表出生日期，即为 8 位长度的出生日期码。

这里，我们使用 IF、LEN、MID 和 TEXT 函数从员工的身份证号码中提取员工的出生日期。

（1）选中 I2 单元格。

（2）在 I2 单元格中输入公式"=--TEXT(MID(D2,7,8),"0-00-00")"。

**活力
小贴士**

该公式的作用是提取出身份证号码中对应出生日期部分的字符，并将提取出的文本型数据转换为数值。公式中的参数说明如下。

① MID(D2,7,8)：从 D2 的第 7 位开始提取出 8 位长度的出生日期码。如身份证号码为"31068119790521092X"，取出的日期为"19790521"。这是一个非常规的日期格式。

② TEXT(MID(D2,7,8),"0-00-00")：将提取出来的出生日期码转换为文本型日期。

③ --TEXT(MID(D2,7,8),"0-00-00")：其中的"--"为"减负运算"，由两个"-"组成，将提取出来的数据转换为真正的日期，即将文本型数据转换为数值。

（3）将 I2 单元格的数据格式设置为"日期"格式。由于日期型数据为特殊的数值，我们只需要按前面讲过的设置单元格格式将其"数字"格式设置为"日期"格式即可。

（4）选中设置好的 I2 单元格，按住鼠标左键，拖曳其填充柄至 I26 单元格，将其公式和格式复制到 I3:I26 单元格区域，可得到所有员工的出生日期。

（5）保存文档。

提取性别和出生日期后的工作表如图 2-58 所示。

	A	B	C	D	E	F	G	H	I
1	编号	姓名	部门	身份证号码	入职时间	学历	职称	性别	出生日期
2	KY001	方成建	市场部	510121197009090030	1993-7-10	本科	高级经济师	男	1970-9-9
3	KY002	桑南	人力资源部	41012119821104626X	2006-6-28	专科	助理统计师	女	1982-11-4
4	KY003	何宇	市场部	510121197408058434	1997-3-20	硕士	高级经济师	男	1974-8-5
5	KY004	刘光利	行政部	62012119690724800X	1991-7-15	中专	高级经济师	女	1969-7-24
6	KY005	钱新	财务部	44012119731019842X	1997-7-1	本科	高级经济师	男	1973-10-19
7	KY006	曾科	财务部	510121198506208452	2010-7-20	硕士	会计师	男	1985-6-20
8	KY007	李莫薷	物流部	530121198011298443	2003-7-10	本科	助理会计师	女	1980-11-29
9	KY008	周苏嘉	行政部	310681197905210924	2001-6-30	本科	工程师	女	1979-5-21
10	KY009	黄雅玲	市场部	110121198109088000	2005-7-5	本科	经济师	女	1981-9-8
11	KY010	林菱	行政部	521121198304298428	2005-6-28	专科	工程师	女	1983-4-29
12	KY011	司马意	行政部	51012119730923821X	1996-7-2	本科	助理工程师	男	1973-9-23
13	KY012	令狐珊	物流部	320121196806278248	1993-5-10	高中	无	男	1968-6-27
14	KY013	慕容勤	财务部	780121198402108211	2006-6-25	中专	助理会计师	男	1984-2-10
15	KY014	柏国力	人力资源部	510121196703138215	1993-7-5	硕士	高级经济师	男	1967-3-13
16	KY015	周谦	物流部	523121199009024831	2012-8-1	本科	工程师	男	1990-9-24
17	KY016	刘民	市场部	110151196908028015	1993-7-10	硕士	高级工程师	男	1969-8-2
18	KY017	尔阿	物流部	356121198405258012	2006-7-20	本科	工程师	男	1984-5-25
19	KY018	夏蓝	人力资源部	21012119850515802X	2010-7-3	专科	工程师	女	1988-5-15
20	KY019	皮桂华	行政部	511121196902268022	1989-6-29	专科	助理工程师	女	1969-2-26
21	KY020	段齐	市场部	512521196904057835	1993-7-18	本科	工程师	男	1968-4-5
22	KY021	费乐	财务部	512221198612018827	2007-6-30	本科	会计师	女	1986-12-1
23	KY022	高亚玲	行政部	460121197802168822	2001-7-15	本科	工程师	女	1978-2-16
24	KY023	苏洁	市场部	511121198009308825	1999-4-15	高中	无	女	1980-9-30
25	KY024	江宽	人力资源部	51012119750507881X	2001-7-6	硕士	高级经济师	男	1975-5-7
26	KY025	王利伟	市场部	350583197810120072	2001-8-15	本科	经济师	男	1978-10-12

图 2-58　根据身份证号码提取性别和出生日期

任务 8 导出"员工基本信息"表

员工信息管理表编辑完毕后，我们可以将此数据导出，以便在其他工作中需要时，不必重新输入数据，比如要建立员工信息数据库等。

（1）选中"员工基本信息"表。

（2）单击【文件】→【另存为】命令，打开【另存为】对话框。

（3）将"员工基本信息"表保存为"带格式文本文件（空格分隔）"类型，保存位置为"D:\公司文档\人力资源部"中，文件名为"员工信息"。如图 2-59 所示。

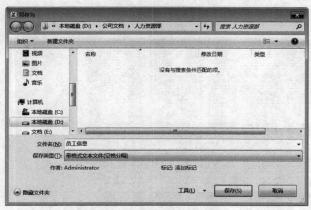

图 2-59　"另存为"对话框

（4）单击【保存】按钮，弹出图 2-60 所示的提示框。

图 2-60　保存为"带格式文本文件（空格分隔）"时的提示框

（5）单击【确定】按钮，弹出图 2-61 所示的提示框。

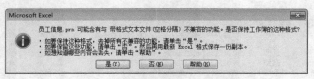

图 2-61　确认是否保持格式的对话框

（6）单击【是】按钮。完成文件的导出，导出的文件格式为".prn"。

（7）关闭"员工信息"文档。

任务 9　使用自动套用格式美化"员工基本信息"工作表

使用 Excel 软件编辑好了"员工基本信息"工作表后，为了进一步对表格进行美化，我们可以对表格的字体、边框、底纹、对齐方式等进行设置。使用"自动套用格式"可以简单、快捷地对工作表进行格式化。

（1）打开"员工信息管理表"工作簿。

（2）选中 A1:I26 单元格区域。

（3）单击【开始】→【样式】→【套用表格格式】按钮，打开图 2-62 所示的"套用表格格式"列表。

（4）从样式列表中选择"表样式中等深浅 6"，打开图 2-63 所示的"套用表格式"对话框，保持默认的数据区域不变，单击【确定】按钮，将选定的表样式应用到所选的区域，如图 2-64 所示。

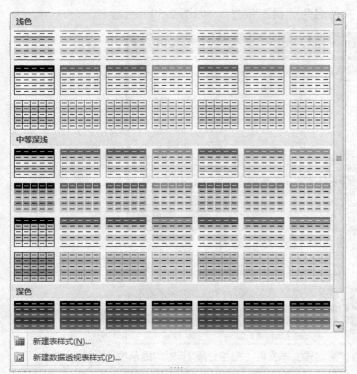

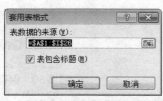

图 2-62 "套用表格格式"列表　　　　图 2-63 所示的"套用表格式"对话框

	A	B	C	D	E	F	G	H	I
1	编号	姓名	部门	身份证号码	入职时间	学历	职称	性别	出生日期
2	KY001	方成建	市场部	510121197009090030	1993-7-10	本科	高级经济师	男	1970-9-9
3	KY002	桑南	人力资源部	41012119821104626X	2006-6-28	专科	助理统计师	女	1982-11-4
4	KY003	何宇	市场部	510121197408058434	1997-3-20	硕士	高级经济师	男	1974-8-5
5	KY004	刘光利	行政部	62012119690724800X	1991-7-15	中专	无	女	1969-7-24
6	KY005	钱新	财务部	44012119731019842X	1997-7-1	本科	高级会计师	男	1973-10-19
7	KY006	曾科	财务部	510121198506208452	2010-7-20	硕士	会计师	男	1985-6-20
8	KY007	李莫薷	物流部	530121198011298443	2003-7-10	本科	助理会计师	女	1980-11-29
9	KY008	周苏嘉	行政部	310681197905210924	2001-6-30	本科	工程师	女	1979-5-21
10	KY009	黄雅玲	市场部	110121198109088000	2005-7-5	本科	经济师	女	1981-9-8
11	KY010	林贽	市场部	521121198304298428	2005-6-28	专科	工程师	女	1983-4-29
12	KY011	司马意	行政部	510121197309923821X	1996-7-2	本科	助理工程师	男	1973-9-23
13	KY012	令狐珊	物流部	320121196806278248	1993-5-10	高中	无	女	1968-6-27
14	KY013	慕容勤	财务部	780121198402108211	2006-6-25	中专	助理会计师	男	1984-2-10
15	KY014	柏国力	人力资源部	510121196703138215	1993-7-5	硕士	高级经济师	男	1967-3-13
16	KY015	周谦	物流部	523121199009924821X	2012-8-1	本科	工程师	男	1990-9-24
17	KY016	刘民	市场部	110151196908028015	1993-7-10	硕士	高级工程师	男	1969-8-2
18	KY017	尔阿	物流部	356121198405258012	2006-7-20	本科	工程师	男	1984-5-25
19	KY018	夏蓝	人力资源部	21012119880515802X	2010-7-3	本科	工程师	女	1988-5-15
20	KY019	皮桂华	行政部	511121196902268022	1989-6-29	专科	助理工程师	女	1969-2-26
21	KY020	段齐	人力资源部	512521196804057835	1993-7-18	本科	工程师	男	1968-4-5
22	KY021	费乐	财务部	512221198612018827	2007-6-30	本科	会计师	女	1986-12-1
23	KY022	高亚玲	行政部	460121197802168822	2001-7-15	本科	工程师	女	1978-2-16
24	KY023	苏洁	市场部	552121198009308825	1999-4-15	高中	无	女	1980-9-30
25	KY024	江宽	人力资源部	512121197550507881X	2001-7-6	硕士	高级经济师	男	1975-5-7
26	KY025	王利伟	市场部	350583197810120072	2001-8-15	本科	经济师	男	1978-10-12

图 2-64 套用表格格式后的"员工基本信息"工作表

任务 10 使用手动方式美化"员工基本信息"工作表

由于自动套用格式种类的限制而且样式比较固定，在利用自动套用格式进行工作表美化的基础上，我们可以通过手动进一步对工作表进行修饰。

（1）在表格之前插入一空行作为标题行。

① 将光标置于第 1 行任一单元格处。

② 单击【开始】→【单元格】→【插入】按钮下方的下拉按钮，打开图 2-65 所示的"插入"下拉列表，选择【插入工作表行】命令，在表格的第 1 行出现一行空行。

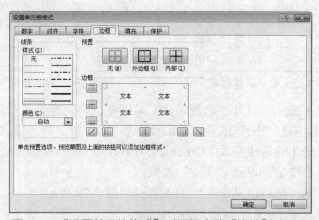

图 2-65 "插入"下拉列表

（2）制作表格标题。

① 选中 A1 单元格。

② 输入表格标题文字"公司员工基本信息表"。

③ 选中 A1:I1 单元格，单击【开始】→【对齐方式】→【合并后居中】按钮。

④ 将标题的文字格式设置为"隶书""22 磅"。

（3）设置表格边框。

① 选中 A2:I27 单元格。

② 单击【开始】→【数字】→【设置单元格格式：数字】按钮，打开"设置单元格格式"对话框，单击【边框】选项卡，如图 2-66 所示。

图 2-66 "设置单元格格式"对话框中的"边框"选项卡

③ 从"线条"样式列表框中选择"细实线"（第 1 列第 7 行），然后从"颜色"列表中选择"白色 背景 1，深色 35%"，然后单击【预置】中的【内部】按钮，为表格添加内框线。

④ 从"线条"样式列表框中选择"粗实线"（第 2 列第 5 行），然后从"颜色"列表中选择"自动"，然后单击【预置】中的【外边框】按钮，为表格添加外框线。

（4）调整行高。

① 选中第 1 行，设置行高值为"40"。

② 将表格第 2 行的行高设置为"25"。

（5）将第 2 行列标题的对齐方式设置为"水平居中"。

设置好格式的表格如图 2-48 所示。

任务 11 统计各学历的人数

（1）创建新的工作表"统计各学历人数"。

① 将 Sheet2 工作表重命名为"统计各学历人数"。

② 在"统计各学历人数"工作表中创建图 2-67 所示的表格框架。

（2）统计各学历人数。

① 选中 C4 单元格。

② 单击【公式】→【函数库】→【插入函数】按钮，打开图 2-68 所示的"插入函数"
对话框，从"或选择类别"下拉列表中选择"统计"类别，再从"选择函数"列表中选择
"COUNTIF"函数。

图 2-67 "统计各学历人数"表格框架

图 2-68 "插入函数"对话框

③ 单击【确定】按钮，打开"函数参数"对话框，将光标置于"Range"参数框中，
单击选中"员工基本信息"工作表，在用鼠标框选"F3:F27"单元格区域，得到统计范围
"表 1[学历]"；设置统计的条件参数"Criteria"为 B4，如图 2-69 所示。

④ 单击【确定】按钮，得到"硕士"人数。

⑤ 利用自动填充可统计出其他学历的人数，如图 2-70 所示。

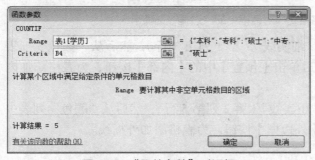

图 2-69 "函数参数"对话框

图 2-70 各学历人数统计结果

由于 Excel 2010 中套用表格格式的过程中自动嵌套了"创建列表"的功能，如图 2-71 所示，在编辑栏的名称框列表中可见已创建了"表 1"。因此，在选定统计区域时显示为"表 1"，选定的"F3:F27"单元格区域正好就是表 1 的学历字段。因此，上面的统计范围显示为"表1[学历]"。

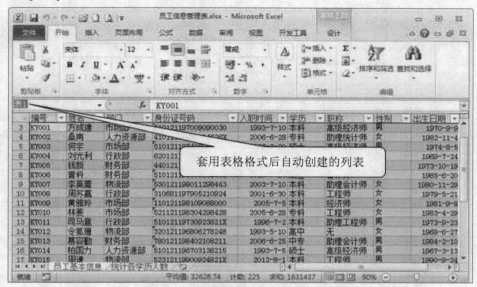

图 2-71　套用表格格式后自动创建列表

套用表格格式后，若想使表格除了有套用的格式外，还具备普通区域的功能（如"分类汇总"），需将套用了表格格式的表格转换为区域后则可按普通数据区域进行操作。

2.7.5　项目小结

本项目通过制作"员工信息管理表"，主要介绍了创建工作簿、重命名工作表、复制工作表、Excel 中数据的输入技巧、设置数据的有效性，及利用 IF、MOD、TEXT、MID 等函数从身份证号码中提取出员工性别、出生日期等信息。为便于数据的利用，我们将生成的员工信息数据导出为"带格式的文本文件"。在编辑好表格的基础上，使用"自动套用格式"和手动方式对工作表进行美化修饰。此外，通过 COUNTIF 函数对各学历人数进行了统计分析。

2.7.6　拓展项目

1．统计各部门员工的人数

统计各部门员工人数表如图 2-72 所示。

2．统计员工年龄

统计员工年龄表如图 2-73 所示。

3．计员工工龄

员工工龄表如图 2-74 所示。

公司各部门人数统计表	
学历	人数
行政部	5
人力资源部	5
市场部	7
物流部	4
财务部	4

图 2-72　统计各部门员工人数

公司员工基本信息表									
编号	姓名	部门	身份证号码	入职时间	学历	职称	年龄	性别	出生日期
KY001	方成建	市场部	510121197009090030	1993-7-10	本科	高级经济师	46	男	1970-9-9
KY002	桑南	人力资源部	41012119821104626X	2006-6-28	专科	助理统计师	34	女	1982-11-4
KY003	何宇	市场部	510121197408058434	1997-3-20	硕士	高级经济师	42	男	1974-8-5
KY004	刘光利	行政部	62012119690724800X	1991-7-15	中专	无	47	女	1969-7-24
KY005	钱新	财务部	44012119731019842X	1997-7-1	本科	高级会计师	43	女	1973-10-19
KY006	曾科	财务部	510121198506208452	2010-7-20	硕士	会计师	31	男	1985-6-20
KY007	李莫薷	物流部	530121198011298443	2003-7-10	本科	助理会计师	36	女	1980-11-29
KY008	周苏嘉	行政部	310681197905210924	2001-6-30	本科	工程师	37	女	1979-5-21
KY009	黄雅玲	市场部	110121198109088000	2005-7-5	本科	经济师	35	女	1981-9-8
KY010	林菱	市场部	521121198304298428	2005-6-28	本科	工程师	33	女	1983-4-29
KY011	司马意	行政部	51012119730923821X	1996-7-2	本科	助理工程师	43	男	1973-9-23
KY012	令狐珊	物流部	320121196806278248	1993-5-10	高中	无	48	女	1968-6-27
KY013	慕容勤	财务部	780121198402108211	2006-6-25	中专	助理会计师	32	男	1984-2-10
KY014	柏国力	人力资源部	510121196703138215	1993-7-5	硕士	高级经济师	49	男	1967-3-13
KY015	周谦	物流部	52312119900924821X	2012-8-1	本科	工程师	26	男	1990-9-24
KY016	刘民	市场部	110151196908028015	1993-7-10	硕士	高级工程师	47	男	1969-8-2
KY017	尔阿	物流部	356121198405258012	2006-7-20	本科	工程师	32	男	1984-5-25
KY018	夏蓝	人力资源部	21012119880515802X	2010-7-3	专科	工程师	28	女	1988-5-15
KY019	皮桂华	行政部	511121196902268022	1989-6-29	专科	助理工程师	47	女	1969-2-26
KY020	段齐	人力资源部	512521196804057835	1993-7-18	本科	工程师	48	男	1968-4-5
KY021	费乐	财务部	512221198612018827	2007-6-30	本科	会计师	30	女	1986-12-1
KY022	高亚玲	行政部	460121197802168822	2001-7-15	本科	工程师	38	女	1978-2-16
KY023	苏洁	市场部	552121198009308825	1999-4-15	高中	无	36	女	1980-9-30
KY024	江宽	人力资源部	510121197505507881X	2001-7-6	硕士	高级经济师	41	男	1975-5-7
KY025	于利伟	市场部	350583197810120072	2001-8-15	本科	经济师	38	男	1978-10-12

图 2-73　统计员工年龄

公司员工基本信息表									
编号	姓名	部门	身份证号码	入职时间	工龄	学历	职称	性别	出生日期
KY001	方成建	市场部	510121197009090030	1993-7-10	23	本科	高级经济师	男	1970-9-9
KY002	桑南	人力资源部	41012119821104626X	2006-6-28	10	专科	助理统计师	女	1982-11-4
KY003	何宇	市场部	510121197408058434	1997-3-20	19	硕士	高级经济师	男	1974-8-5
KY004	刘光利	行政部	62012119690724800X	1991-7-15	25	中专	无	女	1969-7-24
KY005	钱新	财务部	44012119731019842X	1997-7-1	19	本科	高级会计师	女	1973-10-19
KY006	曾科	财务部	510121198506208452	2010-7-20	6	硕士	会计师	男	1985-6-20
KY007	李莫薷	物流部	530121198011298443	2003-7-10	13	本科	助理会计师	女	1980-11-29
KY008	周苏嘉	行政部	310681197905210924	2001-6-30	15	本科	工程师	女	1979-5-21
KY009	黄雅玲	市场部	110121198109088000	2005-7-5	11	本科	经济师	女	1981-9-8
KY010	林菱	市场部	521121198304298428	2005-6-28	11	专科	工程师	女	1983-4-29
KY011	司马意	行政部	51012119730923821X	1996-7-2	20	本科	助理工程师	男	1973-9-23
KY012	令狐珊	物流部	320121196806278248	1993-5-10	23	高中	无	女	1968-6-27
KY013	慕容勤	财务部	780121198402108211	2006-6-25	10	中专	助理会计师	男	1984-2-10
KY014	柏国力	人力资源部	510121196703138215	1993-7-5	23	硕士	高级经济师	男	1967-3-13
KY015	周谦	物流部	52312119900924821X	2012-8-1	4	本科	工程师	男	1990-9-24
KY016	刘民	市场部	110151196908028015	1993-7-10	23	硕士	高级工程师	男	1969-8-2
KY017	尔阿	物流部	356121198405258012	2006-7-20	10	本科	工程师	男	1984-5-25
KY018	夏蓝	人力资源部	21012119880515802X	2010-7-3	6	专科	工程师	女	1988-5-15
KY019	皮桂华	行政部	511121196902268022	1989-6-29	27	专科	助理工程师	女	1969-2-26
KY020	段齐	人力资源部	512521196804057835	1993-7-18	23	本科	工程师	男	1968-4-5
KY021	费乐	财务部	512221198612018827	2007-6-30	9	本科	会计师	女	1986-12-1
KY022	高亚玲	行政部	460121197802168822	2001-7-15	15	本科	工程师	女	1978-2-16
KY023	苏洁	市场部	552121198009308825	1999-4-15	17	高中	无	女	1980-9-30
KY024	江宽	人力资源部	510121197505507881X	2001-7-6	15	硕士	高级经济师	男	1975-5-7
KY025	于利伟	市场部	350583197810120072	2001-8-15	15	本科	经济师	男	1978-10-12

图 2-74　统计员工工龄

项目 8　员工工资管理

示例文件	原始文件：示例文件\素材文件\项目 8\员工工资管理表.xlsx
	效果文件：示例文件\效果文件\项目 8\员工工资管理表.xlsx

2.8.1　项目背景

　　员工工资的管理工作是企业人力资源部门工作的一个重要组成部分。员工工资管理主要负责制定员工的工资明细、统计员工的扣款项目、核算员工的工资收入等。制作工资表通常需要综合大量的数据，如基本工资、绩效工资、补贴、扣款项等。本项目通过制作"员工工资管理表"和"工资查询表"来介绍 Excel 软件在工资管理方面的应用。

2.8.2 项目效果

员工工资明细表如图 2-75 所示，工资查询表如图 2-76 所示。

编号	姓名	部门	基本工资	绩效工资	工龄工资	加班费	应发工资	养老保险	医疗保险	失业保险	考勤扣款	应税工资	个人所得税	实发工资
KY001	方成建	市场部	4,000.00	1,200.00	500.00	–	5,700.00	416.00	104.00	52.00	133.00	1,628.00	57.80	4,937.00
KY002	桑南	人力资源部	1,800.00	540.00	450.00	–	2,790.00	187.20	46.80	23.40	–	-967.40	–	2,533.00
KY003	何宇	市场部	4,500.00	1,350.00	500.00	342.00	6,692.00	468.00	117.00	58.50	375.00	2,548.50	149.85	5,524.00
KY004	刘光利	行政部	1,600.00	480.00	500.00	105.00	2,685.00	166.40	41.60	20.80	–	-1,043.80	–	2,456.00
KY005	钱新	财务部	4,200.00	1,260.00	500.00	121.50	6,081.50	436.80	109.20	54.60	–	1,980.90	93.09	5,388.00
KY006	曾科	财务部	2,700.00	810.00	250.00	–	3,760.00	280.80	70.20	35.10	67.50	-126.10	–	3,306.00
KY007	李莫薷	物流部	1,800.00	540.00	500.00	36.00	2,876.00	187.20	46.80	23.40	30.00	-881.40	–	2,589.00
KY008	周苏嘉	行政部	2,500.00	750.00	500.00	–	3,750.00	260.00	65.00	32.50	50.00	-107.50	–	3,343.00
KY009	黄雅玲	市场部	2,700.00	810.00	500.00	99.00	4,109.00	280.80	70.20	35.10	45.00	222.90	6.69	3,671.00
KY010	林贵	市场部	2,500.00	750.00	500.00	–	3,750.00	260.00	65.00	32.50	20.75	-107.50	–	3,372.00
KY011	司马意	行政部	1,700.00	510.00	500.00	15.75	2,725.75	176.80	44.20	22.10	100.00	-1,017.35	–	2,383.00
KY012	令狐珊	物流部	1,400.00	420.00	500.00	–	2,320.00	145.60	36.40	18.20	50.00	-1,380.20	–	2,070.00
KY013	慕容勤	财务部	1,700.00	510.00	450.00	–	2,660.00	176.80	44.20	22.10	–	-1,083.10	–	2,417.00
KY014	柏国力	人力资源部	4,000.00	1,200.00	500.00	76.50	5,776.50	416.00	104.00	52.00	–	1,704.50	65.45	5,139.00
KY015	周谦	物流部	2,300.00	690.00	150.00	180.00	3,320.00	239.20	59.80	29.90	–	-508.90	–	2,991.00
KY016	刘民	市场部	3,700.00	1,110.00	500.00	–	5,310.00	384.80	96.20	48.10	173.00	1,280.90	38.43	4,569.00
KY017	尔阿	物流部	2,300.00	690.00	450.00	97.50	3,537.50	239.20	59.80	29.90	–	-291.40	–	3,209.00
KY018	夏蓝	人力资源部	2,100.00	630.00	250.00	–	2,980.00	218.40	54.60	27.30	17.50	-820.30	–	2,662.00
KY019	皮桂华	行政部	1,900.00	570.00	500.00	24.00	2,994.00	197.60	49.40	24.70	63.00	-777.70	–	2,659.00
KY020	段齐	市场部	2,500.00	750.00	500.00	–	3,750.00	260.00	65.00	32.50	–	-107.50	–	3,393.00
KY021	费乐	财务部	2,700.00	810.00	400.00	49.50	3,959.50	280.80	70.20	35.10	150.00	73.40	2.20	3,421.00
KY022	高亚玲	行政部	2,500.00	750.00	500.00	82.50	3,832.50	260.00	65.00	32.50	124.50	-25.00	–	3,351.00
KY023	苏洁	市场部	1,500.00	450.00	500.00	67.50	2,517.50	156.00	39.00	19.50	25.00	-1,197.00	–	2,278.00
KY024	江宽	人力资源部	4,500.00	1,350.00	500.00	142.50	6,492.50	468.00	117.00	58.50	37.50	2,349.00	129.90	5,682.00
KY025	王利伟	市场部	2,900.00	870.00	500.00	144.00	4,414.00	301.60	75.40	37.70	–	499.30	14.98	3,984.00

图 2-75 员工工资明细表

工 资 查 询 表

员工号	KY001	姓名	方成建	部门	市场部
基本工资	4000	养老保险	416	应发工资	5700
绩效工资	1200	医疗保险	104	应税工资	1628
工龄工资	500	失业保险	52	个人所得税	57.8
加班费	0	考勤扣款	133	实发工资	4937

图 2-76 工资查询表

2.8.3 知识与技能

- 工作簿的创建
- 工作表重命名
- 导入外部数据
- 函数 DATEDIF、YEAR、ROUND、VLOOKUP、IF 的使用
- 公式的使用
- 数据透视表
- 数据透视图

2.8.4 解决方案

任务 1 创建工作簿和重命名工作表

（1）启动 Excel 2010，新建一空白工作簿。

（2）将创建的工作簿以"员工工资管理表"为名保存在"D:\公司文档\人力资源部"文件夹中。

（3）将工作簿中的 Sheet1 工作表重命名为"工资基础信息"。

任务 2 导入"员工信息"

将前面制作"员工信息管理表"时导出的"员工信息"数据导入到当前工作表中，作为员工"工资基础信息"的数据。

（1）选中"工资基础信息"工作表。

（2）单击【数据】→【获取外部数据】→【自文本】按钮，打开"导入文本文件"对话框，在"查找范围"中找到位于"D:\公司文档\人力资源部"文件夹中的"员工信息"文件，如图 2-77 所示。

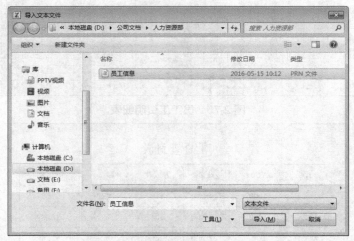

图 2-77　"导入文本文件"对话框

（3）单击【导入】按钮，弹出图 2-78 所示的"文件导入向导"第 1 步，在"原始数据类型"处选择"固定宽度"作为最合适的文件类型；在"导入起始行"文本框中保持默认值"1"不变；在"文件原始格式"中选择"936：简体中文（GB2312）"，如图 2-79 所示。

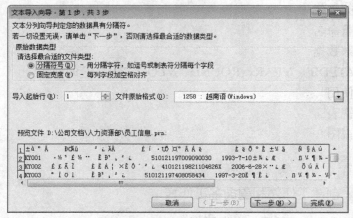

图 2-78　文本导入向导步骤 1

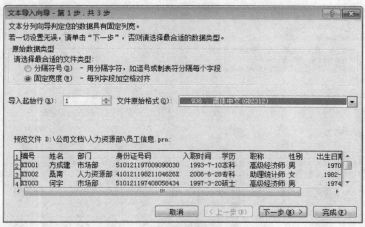

图 2-79 确定原始数据类型

活力
小贴士

因为一般文本文件中的列是用 Tab 键、逗号或空格键来分隔的，所以在"员工信息管理表"中导出"员工信息"时，它是以"带格式文本文件（空格分隔）"类型保存的，所以在这里要选择"分隔符号"。

（4）单击【下一步】按钮，设置字段宽度（列间隔），如图 2-80 所示。在图 2-80 中可见，在"入职时间"和"学历"两列数据中缺少列间隔，需要单击鼠标建立分列线。拖曳水平和垂直滚动条，将所有需要导入的数据检查一遍，使数据分别处于对应的分列线之间，如图 2-81 所示。

活力
小贴士

设置字段宽度时，在"数据预览"区内，有箭头的垂直线便是分列线，如果要建立分列线，请在要建立分列线处单击鼠标；如果要清除分列线，请双击分列线；如果要移动分列线位置，请按住分列线并拖曳至指定位置。

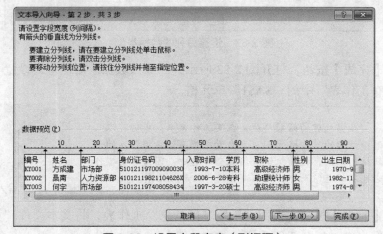

图 2-80 设置字段宽度（列间隔）

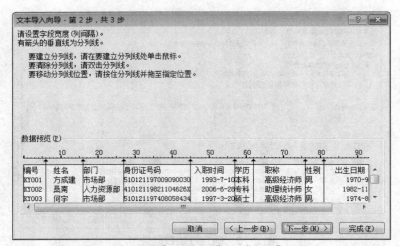

图 2-81　添加"入职时间"和"学历"分列线

（5）单击【下一步】按钮，设置每列的数据类型，如图 2-82 所示。默认设置，一般为"常规"。这里，我们将"身份证号码"设置为"文本""入职时间"和"出生日期"设置为"日期"，其余列使用默认类型"常规"。

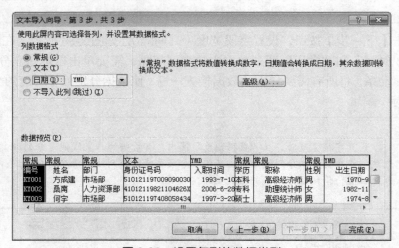

图 2-82　设置每列的数据类型

（6）单击【完成】按钮，打开图 2-83 所示的"导入数据"对话框。设置"数据的放置位置"为"现有工作表"中的"$A$1"单元格。

活力
小贴士

　　数据处理的结果要放置在某工作表中，我们可以只选择开始的单元格，Excel 会自动根据来源数据区域的形状排列结果，无须把结果区域全部选中，因为可能操作者也不知道结果会放置在哪些具体的单元格中。

图 2-83　"导入数据"对话框

（7）单击【确定】按钮，返回"工资基础信息"工作表，将文本文件"员工信息"的数据导入到工作表中，如图 2-84 所示。

	A	B	C	D	E	F	G	H	I
1	编号	姓名	部门	身份证号码	入职时间	学历	职称	性别	出生日期
2	KY001	方成建	市场部	51012119700909030	1993-7-10	本科	高级经济师	男	1970-9-9
3	KY002	桑南	人力资源部	41012119821104626X	2006-6-28	专科	助理统计师	女	1982-11-4
4	KY003	何宇	市场部	51012119740805843 4	1997-3-20	硕士	高级经济师	男	1974-8-5
5	KY004	刘光利	行政部	62012119690724800X	1991-7-15	中专	无	女	1969-7-24
6	KY005	钱新	财务部	44012119731019842X	1997-7-1	本科	高级会计师	女	1973-10-19
7	KY006	曾科	财务部	51012119850620845 2	2010-7-20	硕士	会计师	男	1985-6-20
8	KY007	李莫薷	物流部	53012119801129844 3	2003-7-10	本科	助理会计师	女	1980-11-29
9	KY008	周苏嘉	行政部	31068119790521092 4	2001-6-30	本科	工程师	女	1979-5-21
10	KY009	黄雅玲	市场部	11012119810908000 0	2005-7-5	本科	经济师	女	1981-9-8
11	KY010	林菱	市场部	52112119830429842 8	2005-6-28	专科	工程师	女	1983-4-29
12	KY011	司马意	行政部	51012119730923821X	1996-7-2	本科	助理工程师	男	1973-9-23
13	KY012	令狐珊	物流部	32012119680627824 8	1993-5-10	高中	无	男	1968-6-27
14	KY013	慕容勤	财务部	78012119840210821 1	2006-6-25	中专	助理会计师	男	1984-2-10
15	KY014	柏国力	人力资源部	51012119670313821 5	1993-7-5	硕士	高级经济师	男	1967-3-13
16	KY015	周谦	物流部	52312119900924821X	2012-8-1	本科	工程师	男	1990-9-24
17	KY016	刘民	市场部	11015119690802801 5	1993-7-10	硕士	高级工程师	男	1969-8-2
18	KY017	尔阿	物流部	35612119840525801 7	2006-7-20	本科	工程师	男	1984-5-25
19	KY018	夏蓝	人力资源部	21012119880515802X	2010-7-3	专科	工程师	女	1988-5-15
20	KY019	皮桂华	行政部	51112119690226802 2	1989-6-29	专科	助理工程师	女	1969-2-26
21	KY020	段齐	人力资源部	51252119680405783 5	1993-7-18	本科	工程师	男	1968-4-5
22	KY021	费乐	财务部	51222119861201882 7	2007-6-30	本科	会计师	女	1986-12-1
23	KY022	高亚玲	行政部	46012119780216882 2	2003-6-21	本科	工程师	女	1978-2-16
24	KY023	苏洁	市场部	55212119800930882 5	1999-4-15	高中	无	女	1980-9-30
25	KY024	江宽	人力资源部	51012119750507881X	2001-7-6	硕士	高级经济师	男	1975-5-7
26	KY025	王利伟	市场部	35058319781012007 2	2001-8-15	本科	经济师	男	1978-10-12

图 2-84 导入的"员工信息"数据表

我们除了可以导入"文本文件"类型之外，还可以导入其他格式的数据库文件到 Excel 表中，如 CSV（逗号分隔）的 Excel 类型、Access 数据库文件、网页、SQL Server 文件、XML 文件等，如图 2-85 所示。

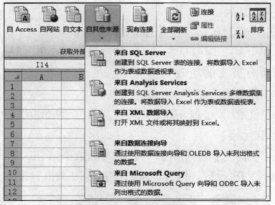

图 2-85 获取数据源

任务 3 编辑"工资基础信息"表

（1）选中"工资基础信息"工作表。

（2）删除"身份证号码""学历""职称""性别"和"出生日期"列的数据。

① 按住【Ctrl】键，分别选中"身份证号码""学历""职称""性别"和"出生日期"列的数据。

② 单击【开始】→【单元格】→【删除】按钮下方的下拉按钮，从下拉列表中选择【删除工作表列】命令。删除数据后的工作表如图 2-86 所示。

（3）分别在 E1、F1、G1 单元格中输入标题字段名称"基本工资""绩效工资"和"工龄工资"。

（4）参照图 2-87 输入"基本工资"数据。

	A	B	C	D
1	编号	姓名	部门	入职时间
2	KY001	方成建	市场部	1993-7-10
3	KY002	桑南	人力资源部	2006-6-28
4	KY003	何宇	市场部	1997-3-20
5	KY004	刘光利	行政部	1991-7-15
6	KY005	钱新	财务部	1997-7-1
7	KY006	曾科	财务部	2010-7-20
8	KY007	李莫薷	物流部	2003-7-10
9	KY008	周苏嘉	行政部	2001-6-30
10	KY009	黄雅玲	市场部	2005-7-5
11	KY010	林菱	市场部	2005-6-28
12	KY011	司马意	行政部	1996-7-2
13	KY012	令狐珊	物流部	1993-5-10
14	KY013	慕容勤	财务部	2006-6-25
15	KY014	柏国力	人力资源部	1993-7-5
16	KY015	周谦	物流部	2012-8-1
17	KY016	刘民	市场部	1993-7-10
18	KY017	尔阿	物流部	2006-7-20
19	KY018	夏蓝	人力资源部	2010-7-3
20	KY019	皮桂华	行政部	1989-6-29
21	KY020	段齐	人力资源部	1993-7-18
22	KY021	费乐	财务部	2007-6-30
23	KY022	高亚玲	行政部	2001-7-15
24	KY023	苏洁	市场部	1999-4-15
25	KY024	江宽	人力资源部	2001-7-6
26	KY025	王利伟	市场部	2001-8-15

图 2-86　删除数据后的工作表

	A	B	C	D	E
1	编号	姓名	部门	入职时间	基本工资
2	KY001	方成建	市场部	1993-7-10	4000
3	KY002	桑南	人力资源部	2006-6-28	1800
4	KY003	何宇	市场部	1997-3-20	4500
5	KY004	刘光利	行政部	1991-7-15	1600
6	KY005	钱新	财务部	1997-7-1	4200
7	KY006	曾科	财务部	2010-7-20	2700
8	KY007	李莫薷	物流部	2003-7-10	1800
9	KY008	周苏嘉	行政部	2001-6-30	2500
10	KY009	黄雅玲	市场部	2005-7-5	2700
11	KY010	林菱	市场部	2005-6-28	2500
12	KY011	司马意	行政部	1996-7-2	1700
13	KY012	令狐珊	物流部	1993-5-10	1400
14	KY013	慕容勤	财务部	2006-6-25	1700
15	KY014	柏国力	人力资源部	1993-7-5	4000
16	KY015	周谦	物流部	2012-8-1	2300
17	KY016	刘民	市场部	1993-7-10	3700
18	KY017	尔阿	物流部	2006-7-20	2300
19	KY018	夏蓝	人力资源部	2010-7-3	2100
20	KY019	皮桂华	行政部	1989-6-29	1900
21	KY020	段齐	人力资源部	1993-7-18	2500
22	KY021	费乐	财务部	2007-6-30	2700
23	KY022	高亚玲	行政部	2001-7-15	2500
24	KY023	苏洁	市场部	1999-4-15	1500
25	KY024	江宽	人力资源部	2001-7-6	4500
26	KY025	王利伟	市场部	2001-8-15	2900

图 2-87　员工"基本工资"数据

（5）计算"绩效工资"。

这里，绩效工资=基本工资*30%。

① 选中 F2 单元格。

② 输入公式"=E2*0.3"，按【Enter】键确认。

③ 选中 F2 单元格，用鼠标拖曳其填充柄至 F26 单元格，将公式复制到 F3:F26 单元格区域中，可得到所有员工的绩效工资。

（6）计算"工龄工资"。

这里，如果"工龄"超过 10 年，则工龄工资为 500 元，否则，按每年 50 元计算。

① 选中 G2 单元格。

② 单击【公式】→【函数库】→【插入函数】按钮，打开"插入函数"对话框，从"选择函数"列表中选择 IF 函数，打开【函数参数】对话框，按图 2-88 所示设置 IF 函数的参数。

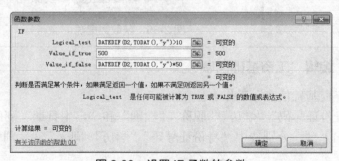

图 2-88　设置 IF 函数的参数

**活力
小贴士**

这里的公式"DATEDIF(D2,TODAY(),"y")"为求取员工的工龄。关于函数 DATEDIF 的说明如下。

① 功能：求两个指定日期的时间间隔数值。

② 语法：DATEDIF(date1,date2,interval)，其中 interval 表示时间间隔，其值可以为"Y""M""D"等，分别表示为"年""月""日"等。

③ 选中 G2 单元格，用鼠标拖曳其填充柄至 G26 单元格，将公式复制到 G3:G26 单元格区域中，可得到所有员工的工龄工资。

创建好的"工资基础信息表"如图 2-89 所示。

	A	B	C	D	E	F	G
1	编号	姓名	部门	入职时间	基本工资	绩效工资	工龄工资
2	KY001	方成建	市场部	1993-7-10	4000	1200	500
3	KY002	桑南	人力资源部	2006-6-28	1800	540	500
4	KY003	何宇	市场部	1997-3-20	4500	1350	500
5	KY004	刘光利	行政部	1991-7-15	1600	480	500
6	KY005	钱新	财务部	1997-7-1	4200	1260	500
7	KY006	曾科	财务部	2010-7-20	2700	810	300
8	KY007	李莫蕭	物流部	2003-7-10	1800	540	500
9	KY008	周苏嘉	行政部	2001-6-30	2500	750	500
10	KY009	黄雅玲	市场部	2005-7-5	2700	810	500
11	KY010	林菱	市场部	2005-6-28	2500	750	500
12	KY011	司马意	行政部	1996-7-2	1700	510	500
13	KY012	令狐珊	物流部	1993-5-10	1400	420	500
14	KY013	慕容勤	财务部	2006-6-25	1700	510	500
15	KY014	柏国力	人力资源部	1993-7-5	4000	1200	500
16	KY015	周谦	物流部	2012-8-1	2300	690	150
17	KY016	刘民	市场部	1993-7-10	3700	1110	500
18	KY017	尔阿	物流部	2006-7-20	2300	690	500
19	KY018	夏蓝	人力资源部	2010-7-3	2100	630	300
20	KY019	皮桂华	行政部	1989-6-29	1900	570	500
21	KY020	段齐	人力资源部	1993-7-18	2500	750	500
22	KY021	费乐	财务部	2007-6-30	2700	810	450
23	KY022	高亚玲	行政部	2001-7-15	2500	750	500
24	KY023	苏洁	市场部	1999-4-15	1500	450	500
25	KY024	江宽	人力资源部	2001-7-6	4500	1350	500
26	KY025	王利伟	市场部	2001-8-15	2900	870	500

图 2-89 创建好的"工资基础信息表"

任务 4 创建"加班费结算表"

（1）复制"工资基础信息表"，将复制后的工作表重命名为"加班费结算表"。

（2）删除"入职时间""绩效工资"和"工龄工资"列。

（3）在 E1、F1 单元格中分别输入标题"加班时间"和"加班费"。

（4）输入加班时间。

按图 2-90 所示，输入员工加班时间。

（5）计算加班费。

加班费的计算方法为：加班费=(基本工资/30/8)×1.5×加班时间。

① 选中 F2 单元格。

② 输入公式"=ROUND(D2/30/8,0)*1.5*E2"，按【Enter】键确认，计算出相应的加班费。

③ 选中 F2 单元格，用鼠标拖曳其填充柄至 F26 单元格，将公式复制到 F3:F26 单元格区域中，可得到所有员工的加班费。

创建好的"加班费结算表"如图 2-91 所示。

活力小贴士

这里的公式"ROUND(D2/30/8,0)"为求取员工单位时间内工资的四舍五入到整数。关于函数 ROUND 的说明如下。

① 功能：将数字四舍五入到指定的位数。

② 语法：ROUND(number,num_digits),其中 number 表示要四舍五入的数字，num_digits 为要进行四舍五入运算的位数。

	A	B	C	D	E
1	编号	姓名	部门	基本工资	加班时间
2	KY001	方成建	市场部	4000	0
3	KY002	桑南	人力资源部	1800	0
4	KY003	何宇	市场部	4500	12
5	KY004	刘光利	行政部	1600	10
6	KY005	钱新	财务部	4200	4.5
7	KY006	曾科	财务部	2700	0
8	KY007	李莫薷	物流部	1800	3
9	KY008	周苏嘉	行政部	2500	0
10	KY009	黄雅玲	市场部	2700	6
11	KY010	林甍	市场部	2500	0
12	KY011	司马意	行政部	1700	1.5
13	KY012	令狐珊	物流部	1400	0
14	KY013	慕容勤	财务部	1700	0
15	KY014	柏国力	人力资源部	4000	3
16	KY015	周谦	物流部	2300	12
17	KY016	刘民	市场部	3700	0
18	KY017	尔阿	物流部	2300	6.5
19	KY018	夏蓝	人力资源部	2100	0
20	KY019	皮桂华	行政部	1900	2
21	KY020	段齐	人力资源部	2500	0
22	KY021	费乐	财务部	2700	3
23	KY022	高亚玲	行政部	2500	5.5
24	KY023	苏洁	市场部	1500	7.5
25	KY024	江宽	人力资源部	4500	5
26	KY025	王利伟	市场部	2900	8

图 2-90　员工加班时间

	A	B	C	D	E	F
1	编号	姓名	部门	基本工资	加班时间	加班费
2	KY001	方成建	市场部	4000	0	0
3	KY002	桑南	人力资源部	1800	0	0
4	KY003	何宇	市场部	4500	12	342
5	KY004	刘光利	行政部	1600	10	105
6	KY005	钱新	财务部	4200	4.5	121.5
7	KY006	曾科	财务部	2700	0	0
8	KY007	李莫薷	物流部	1800	3	36
9	KY008	周苏嘉	行政部	2500	0	0
10	KY009	黄雅玲	市场部	2700	6	99
11	KY010	林甍	市场部	2500	0	0
12	KY011	司马意	行政部	1700	1.5	15.75
13	KY012	令狐珊	物流部	1400	0	0
14	KY013	慕容勤	财务部	1700	0	0
15	KY014	柏国力	人力资源部	4000	3	76.5
16	KY015	周谦	物流部	2300	12	180
17	KY016	刘民	市场部	3700	0	0
18	KY017	尔阿	物流部	2300	6.5	97.5
19	KY018	夏蓝	人力资源部	2100	0	0
20	KY019	皮桂华	行政部	1900	2	24
21	KY020	段齐	人力资源部	2500	0	0
22	KY021	费乐	财务部	2700	3	49.5
23	KY022	高亚玲	行政部	2500	5.5	82.5
24	KY023	苏洁	市场部	1500	7.5	67.5
25	KY024	江宽	人力资源部	4500	5	142.5
26	KY025	王利伟	市场部	2900	8	144

图 2-91　创建好的"加班费结算表"

任务 5　创建"考勤扣款结算表"

（1）复制"工资基础信息表"，将复制后的工作表重命名为"考勤扣款结算表"。

（2）删除"入职时间""绩效工资"和"工龄工资"列。

（3）在 E1:K1 单元格中分别输入标题"迟到""迟到扣款""病假""病假扣款""事假""事假扣款"和"扣款合计"。

（4）参照图 2-92 输入"迟到""病假""事假"的数据。

	A	B	C	D	E	F	G	H	I	J	K
1	编号	姓名	部门	基本工资	迟到	迟到扣款	病假	病假扣款	事假	事假扣款	扣款合计
2	KY001	方成建	市场部	4000	0		0		1		
3	KY002	桑南	人力资源部	1800	0		0		0		
4	KY003	何宇	市场部	4500	0		2		1.5		
5	KY004	刘光利	行政部	1600	0		0		0		
6	KY005	钱新	财务部	4200	0		0		0		
7	KY006	曾科	财务部	2700	0		1.5		0		
8	KY007	李莫薷	物流部	1800	0		1		0		
9	KY008	周苏嘉	行政部	2500	1		0		0		
10	KY009	黄雅玲	市场部	2700	0		0		0.5		
11	KY010	林甍	市场部	2500	0		0.5		0		
12	KY011	司马意	行政部	1700	2		0		0		
13	KY012	令狐珊	物流部	1400	1		0		0		
14	KY013	慕容勤	财务部	1700	0		0		0		
15	KY014	柏国力	人力资源部	4000	0		0		0		
16	KY015	周谦	物流部	2300	0		0		0		
17	KY016	刘民	市场部	3700	1		0		1		
18	KY017	尔阿	物流部	2300	0		0		0		
19	KY018	夏蓝	人力资源部	2100	0		0.5		0		
20	KY019	皮桂华	行政部	1900	0		0		1		
21	KY020	段齐	人力资源部	2500	0		0		0		
22	KY021	费乐	财务部	2700	3		0		0		
23	KY022	高亚玲	行政部	2500	0		1		1		
24	KY023	苏洁	市场部	1500	0		0		0.5		
25	KY024	江宽	人力资源部	4500	0		0.5		0		
26	KY025	王利伟	市场部	2900	0		0		0		

图 2-92　"迟到""病假"和"事假"的数据

（5）计算"迟到扣款"。

这里，假设每迟到一次扣款 50 元。

① 选中 F2 单元格。

② 输入公式"=E2*50"，按【Enter】键确认，计算出相应的迟到扣款。

③ 选中 F2 单元格，用鼠标拖曳其填充柄至 F26 单元格，将公式复制到 F3:F26 单元格区域中，可得到所有员工的迟到扣款。

（6）计算"病假扣款"。

这里，假设每请病假一天扣款为当日工资收入的 50%，即"病假扣款=基本工资/30*0.5*病假天数"。

① 选中 H2 单元格。

② 输入公式"=ROUND(D2/30,0)*0.5*G2"，按【Enter】键确认，计算出相应的病假扣款。

③ 选中 H2 单元格，用鼠标拖曳其填充柄至 H26 单元格，将公式复制到 H3:H26 单元格区域中，可得到所有员工的病假扣款。

（7）计算"事假扣款"。

这里，假设每请事假一天扣款为当日工资收入，即"事假扣款=基本工资/30*事假天数"。

① 选中 J2 单元格。

② 输入公式"=ROUND(D2/30,0)*I2"，按【Enter】键确认，计算出相应的事假扣款。

③ 选中 J2 单元格，用鼠标拖曳其填充柄至 J26 单元格，将公式复制到 J3:J26 单元格区域中，可得到所有员工的事假扣款。

（8）计算"扣款合计"。

① 选中 K2 单元格。

② 输入公式"=SUM(F2,H2,J2)"，按【Enter】键确认，计算出相应的扣款合计。

③ 选中 K2 单元格，用鼠标拖曳其填充柄至 K26 单元格，将公式复制到 K3:K26 单元格区域中，可得到所有员工的扣款合计。

创建好的"考勤扣款结算表"如图 2-93 所示。

	A	B	C	D	E	F	G	H	I	J	K
1	编号	姓名	部门	基本工资	迟到	迟到扣款	病假	病假扣款	事假	事假扣款	扣款合计
2	KY001	方成建	市场部	4000	0	0	0	0	1	133	133
3	KY002	桑南	人力资源部	1800	0	0	0	0	0	0	0
4	KY003	何宇	行政部	4500	0	0	2	150	1.5	225	375
5	KY004	刘光利	行政部	1600	0	0	0	0	0	0	0
6	KY005	钱新	财务部	4200	0	0	0	0	0	0	0
7	KY006	曾科	财务部	2700	0	0	1.5	67.5	0	0	67.5
8	KY007	李莫薷	物流部	1800	0	0	1	30	0	0	30
9	KY008	周苏嘉	行政部	2500	1	50	0	0	0	0	50
10	KY009	黄雅玲	市场部	2700	0	0	0	0	0.5	45	45
11	KY010	林婓	市场部	2500	0	0	0.5	20.75	0	0	20.75
12	KY011	司马意	行政部	1700	2	100	0	0	0	0	100
13	KY012	令狐珊	财务部	1400	1	50	0	0	0	0	50
14	KY013	慕容勤	财务部	1700	0	0	0	0	0	0	0
15	KY014	柏国力	人力资源部	4000	0	0	0	0	0	0	0
16	KY015	周谦	物流部	2300	0	0	0	0	0	0	0
17	KY016	刘民	市场部	3700	1	50	0	0	1	123	173
18	KY017	尔阿	物流部	2300	0	0	0	0	0	0	0
19	KY018	夏蓝	人力资源部	2100	0	0	0.5	17.5	0	0	17.5
20	KY019	皮桂华	行政部	1900	0	0	0	0	1	63	63
21	KY020	段齐	市场部	2500	0	0	0	0	0	0	0
22	KY021	费乐	财务部	2700	3	150	0	0	0	0	150
23	KY022	高亚玲	行政部	2500	0	0	1	41.5	1	83	124.5
24	KY023	苏洁	市场部	1500	0	0	0	0	0.5	25	25
25	KY024	江宽	人力资源部	4500	0	0	0.5	37.5	0	0	37.5
26	KY025	王利伟	市场部	2900	0	0	0	0	0	0	0

图 2-93 创建好的"考勤扣款结算表"

任务6 创建"员工工资明细表"

（1）将 Sheet2 工作表重命名为"员工工资明细表"。

（2）参见图 2-94 所示创建员工工资明细表的框架。

（3）填充"编号""姓名"和"部门"数据。

① 选中"工资基础信息表"的 A2:C26 单元格区域，单击【开始】→【剪贴板】→【复制】按钮。

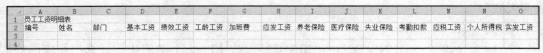

图 2-94　员工工资明细表的框架

② 选中"员工工资明细表"中的 A3 单元格，单击【开始】→【剪贴板】→【粘贴】按钮，将选定区域的数据复制到"员工工资明细表"中。

（4）导入"基本工资""绩效工资""工龄工资"和"加班费"数据。

① 选中 D3 单元格。

② 单击【公式】→【函数库】→【插入函数】按钮，打开"插入函数"对话框，从函数列表中选择"VLOOKUP"函数后单击【确定】按钮，打开【函数参数】对话框，设置图 2-95 所示的参数。

图 2-95　导入"基本工资"的 VLOOKUP 参数

③ 单击【确定】按钮，导入相应的"基本工资"数据。

④ 选中 D3 单元格，用鼠标拖曳其填充柄至 D27 单元格，将公式复制到 D4:D27 单元格区域中，可导入所有员工的基本工资。

活力小贴士

VLOOKUP 函数是 Excel 中的一个纵向查找函数，它与 LOOKUP 函数和 HLOOKUP 函数属于同一类函数，在工作中都有广泛的应用。VLOOKUP 是按列查找的，最终返回该列所需查询列序所对应的值；与之对应的 HLOOKUP 是按行查找的。

语法：VLOOKUP(lookup_value,table_array,col_index_num,range_lookup)

参数说明如下。

① lookup_value 为在数据表第 1 列中需要进行查找的数值。lookup_value 可以为数值、引用或文本字符串。当 VLOOKUP 函数中第一个参数省略查找值时，表示用 0（零）查找。

② table_array 为需要在其中查找数据的数据表。使用对区域或区域名称的引用。

③ col_index_num 为 table_array 中查找数据的数据列序号。col_index_num 为 1 时，返回 table_array 第 1 列的数值；col_index_num 为 2 时，返回 table_array 第 2 列的数值，以此类推。如果 col_index_num 小于 1，函数 VLOOKUP 返回错误值 #VALUE!；如果 col_index_num 大于 table_array 的列数，函数 VLOOKUP 返回错误值#REF!。

④ range_lookup 为一逻辑值，指明函数 VLOOKUP 在查找时是精确匹配，还是近似

匹配。如果为 FALSE 或 0 ，则返回精确匹配，如果找不到，则返回错误值 #N/A。如果 range_lookup 为 TRUE 或 1，函数 VLOOKUP 将查找近似匹配值，也就是说，如果找不到精确匹配值，则返回小于 lookup_value 的最大数值。如果 range_lookup 省略，则默认为近似匹配。

（5）使用同样的方式，分别导入"绩效工资""工龄工资"数据。

（6）导入"加班费"数据。

① 选中 G3 单元格。

② 插入 VLOOKUP 函数，设置图 2-96 所示的参数。

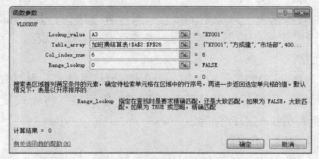

图 2-96　导入"加班费"的 VLOOKUP 参数

③ 单击【确定】按钮，导入相应的"加班费"数据。

④ 选中 G3 单元格，用鼠标拖曳其填充柄至 G27 单元格，将公式复制到 G4:G27 单元格区域中，可计算出所有员工的加班费。

（7）计算"应发工资"。

① 选中 H3 单元格。

② 单击【开始】→【编辑】→【∑自动求和】按钮，出现公式"=SUM(D3:G3)"，按【Enter】键确认，可计算出相应的应发工资。

③ 选中 H3 单元格，用鼠标拖曳其填充柄至 H27 单元格，将公式复制到 H4:H27 单元格区域中，可计算出所有员工的应发工资。

**活力
小贴士**

按国家相关法律法规规定，在企业针对职工工资的税前扣除项目中应包含"社会保险"，它主要有养老保险、失业保险、医疗保险、工伤保险、生育保险。例如公司执行图 2-97 所示的计提标准。

项目	单位	个人
养老保险	20%	8%
失业保险	2%	1%
医疗保险	12%	2%
工伤保险	1%	0
生育保险	1%	0

图 2-97　公司计提"五险一金"实际执行提取率

社会保险，单位必须按规定比例向社会保险机构缴纳，计算时的基数一般是职工个人上年度月平均工资。

个人只需按规定比例缴纳其中的：养老保险、失业保险、医疗保险，个人应缴纳的费用由单位每月在发放个人工资前代扣代缴。

（8）计算"养老保险"数据。

这里，养老保险的数据为个人缴纳部分，一般计算方法为：养老保险=上一年度月平均工资*8%，这里假设"上一年度月平均工资=基本工资+绩效工资"。

① 选中 I3 单元格。

② 输入公式"=(D3+E3)*8%"，按【Enter】键确认，可计算出相应的养老保险。

③ 选中 I3 单元格，用鼠标拖曳其填充柄至 I27 单元格，将公式复制到 I4:I27 单元格区域中，可计算出所有员工的养老保险。

（9）计算"医疗保险"数据。

这里，医疗保险的数据为个人缴纳部分，一般计算方法为：医疗保险=上一年度月平均工资×2%，这里假设"上一年度月平均工资=基本工资+绩效工资"。

① 选中 J3 单元格。

② 输入公式"=(D3+E3)*2%"，按【Enter】键确认，可计算出相应的医疗保险。

③ 选中 J3 单元格，用鼠标拖曳其填充柄至 J27 单元格，将公式复制到 J4:J27 单元格区域中，可计算出所有员工的医疗保险。

（10）计算"失业保险"数据。

这里，失业保险的数据为个人缴纳部分，一般计算方法为：失业保险=上一年度月平均工资×1%，这里假设"上一年度月平均工资=基本工资+绩效工资"。

① 选中 K3 单元格。

② 输入公式"=(D3+E3)*1%"，按【Enter】键确认，可计算出相应的失业保险。

③ 选中 K3 单元格，用鼠标拖曳其填充柄至 K27 单元格，将公式复制到 K4:K27 单元格区域中，可计算出所有员工的失业保险。

（11）导入"考勤扣款"数据。

① 选中 L3 单元格。

② 插入 VLOOKUP 函数，设置图 2-98 所示的参数。

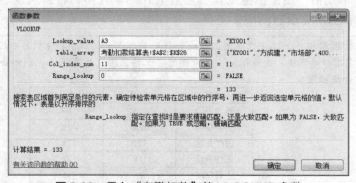

图 2-98　导入"考勤扣款"的 VLOOKUP 参数

③ 单击【确定】按钮，导入相应的"考勤扣款"数据。

④ 选中 L3 单元格，用鼠标拖曳其填充柄至 L27 单元格，将公式复制到 L4:L27 单元格区域中，可导入所有员工的考勤扣款。

**活力
小贴士**

计算各项工资时，需要使用到的相关公式如下。

① 计算应税工资：应税工资＝应发工资－（养老保险＋医疗保险＋失业保险）－3500。目前，3500 元为我国税法规定的个人所得税起征点。

② 计算个人所得税时，应税工资不应有小于 0 出现返税的情况，故分两种情况调整：若应税工资大于 0 元，则按实际应税工资计算所得税；若粗算应税工资小于等于 0 元，则所得税为 0 元。

③ 计算个人所得税，根据会计核算方法计算所得税，按图 2-99 所示的速算公式计算。

税法规定，个人所得税是采用超额累进税率进行计算的，将应纳税所得额分成不同级距和相应的税率来计算。如扣除 3500 元后的余额在 1500 元以内的，按 3%税率计算；1500～4500 元的部分（3000 元），按 10%的税率计算。如某人工资扣除 3500 元后的余额是 1700 元，则税款计算方法为 1500×3% + 200×10% = 65 元。

会计上约定，个人所得税的计算，可以采用速算扣除法，将应纳税所得额直接按对应的税率来速算，但要扣除一个速算扣除数，否则会多计算税款。如某人工资扣除 3500 元后的余额是 1700 元，1700 元对应的税率是 10%，则税款速算方法为 1700×10% －105＝65元。这里的 105 就是速算扣除数，因为 1700 元中有 1500 元多计算了 7%的税款，需要减去。

级数	应纳税所得额	税率(%)	速算扣除数
1	不超过 1,500 元	3	0
2	超过 1,500 元至 4,500 元的部分	10	105
3	超过 4,500 元至 9,000 元的部分	20	555
4	超过 9,000 元至 35,000 元的部分	25	1,005
5	超过 35,000 元至 55,000 元的部分	30	2,755
6	超过 55,000 元至 80,000 元的部分	35	5,505
7	超过 80,000 元的部分	45	13,505

图 2-99 个人所得税计算公式

（12）计算"应税工资"。

① 选中 M3 单元格。

② 输入公式"=H3－SUM(I3:K3)－3500"，按【Enter】键确认，可计算出相应的税前工资。

③ 选中 M3 单元格，用鼠标拖曳其填充柄至 M27 单元格，将公式复制到 M4:M27 单元格区域中，可计算出所有员工的应税工资。

（13）计算"个人所得税"。

① 选中 N3 单元格。

② 单击编辑栏上的"插入函数"按钮 ƒ，弹出"插入函数"对话框，从列表中选择 IF函数，开始构造外层的 IF 函数，函数的前两个参数如图 2-100 所示，可以直接输入或用拾取按钮配合键盘构建。

③ 将鼠标停留于第 3 个参数"Value_if_false"处，再次单击编辑栏最左侧的"IF 函数"按钮 [____IF____▾]，即选择第 3 个参数为一个嵌套在本函数内的 IF 函数。这时弹出一个新的 IF 函数的"函数参数"对话框，如图 2-101 所示，用于构造第二层 IF 函数。

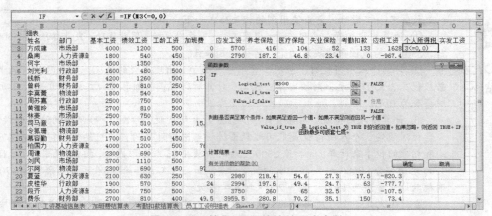

图 2-100　外层 IF 函数的前两个参数

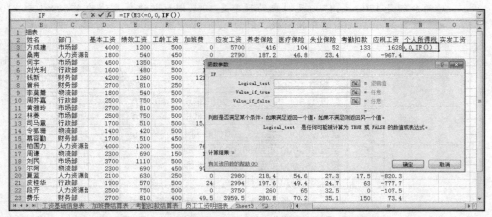

图 2-101　第二层 IF 函数的"函数参数"对话框

④ 在其中输入前两个参数，如图 2-102 所示。这时就完成了第二层 IF 函数的前两个参数的构建。

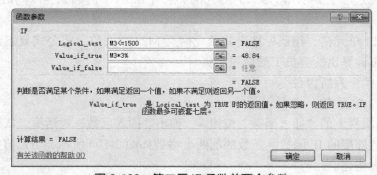

图 2-102　第二层 IF 函数前两个参数

⑤ 将鼠标停留于第 3 个参数"Value_if_false"处，再次单击编辑栏最左侧的"IF 函数"按钮 IF ，即选择第 3 个参数为一个嵌套在本函数内的 IF 函数。再弹出一个新的 IF 函数的"函数参数"对话框，用于构造第三层 IF 函数。

⑥ 在其中输入 3 个参数，如图 2-103 所示。这时就完成了三层 IF 函数的构建。

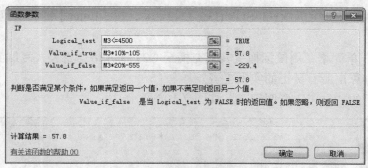

图2-103 第三层 IF 函数的参数

⑦ 单击"函数参数"对话框中的【确定】按钮，就得到了 N3 单元格的结果，如图 2-104 所示。

⑧ 选中 N3 单元格，用鼠标拖曳其填充柄至 N27 单元格，将公式复制到 N4:N27 单元格区域中，可计算出所有员工的个人所得税。

活力小贴士

本案例在这一步，只讨论了应纳税所得额低于 9000 元的情况，故只需要分三层 IF 函数实现 4 种情况的计算。应纳税所得额的计算公式分别如下。

① 应税工资小于等于 0 元的个人所得税税额为 0。

② 应税工资在 1500 元以内的个人所得税税额为"应税工资×3%"。

③ 应税工资在 1500～4500 元之间的个人所得税税额为"应税工资×10%−速算扣除数 105"。

④ 应税工资在 4500～9000 元之间的个人所得税税额为"应税工资×20%−速算扣除数 555"。

函数嵌套时，要先构建外层，再构建内层。其过程要先明确公式的含义，并注意鼠标的灵活运用及观察清楚正在操作的层数，构造完成后再通过按【Enter】键或单击【确定】按钮确定公式。

图 2-104 利用三层 IF 函数计算出的个人所得税

（14）计算"实发工资"。

实发工资=应发工资−（养老保险+医疗保险+失业保险+考勤扣款+个人所得税）。

① 选中 O3 单元格。

② 输入公式"=ROUND(H3−SUM(I3:L3,N3),0)"，按【Enter】键确认,可计算出相应的实发工资。

③ 选中 O3 单元格，用鼠标拖曳其填充柄至 O27 单元格，将公式复制到 O4:O27 单元格区域中，可计算出所有员工的实发工资。

完成计算后的"员工工资明细表"如图 2-105 所示。

	A	B	C	D	E	F	G	H	I	J	K	L	M	N	O
1	员工工资明细表														
2	编号	姓名	部门	基本工资	绩效工资	工龄工资	加班费	应发工资	养老保险	医疗保险	失业保险	考勤扣款	应税工资	个人所得税	实发工资
3	KY001	方成康	市场部	4000	1200	500		5700	416	104	52	133	1628	57.8	4937
4	KY002	桑南	人力资源部	1800	540	450		2790	187.2	46.8	23.4	0	-967.4	0	2533
5	KY003	何宇	市场部	4500	1350	500	342	6692	468	117	58.5	375	2548.5	149.85	5524
6	KY004	刘光利	行政部	1600	480	500	105	2685	166.4	41.6	20.8	0	-1043.8	0	2456
7	KY005	钱新	财务部	4200	1260	500	121.5	6081.5	436.8	109.2	54.6	0	1980.9	93.09	5388
8	KY006	曾科	财务部	2700	810	250		3760	280.8	70.2	35.1	67.5	-126.1	0	3306
9	KY007	李莫薷	物流部	1800	540	500	36	2876	187.2	46.8	23.4	30	-881.4	0	2589
10	KY008	周苏嘉	行政部	2500	750	500		3750	260	65	32.5	50	-107.5	0	3343
11	KY009	黄雅玲	市场部	2700	810	500	99	4109	280.8	70.2	35.1	45	222.9	6.687	3671
12	KY010	林菱	市场部	2500	750	500		3750	260	65	32.5	20.75	-107.5	0	3372
13	KY011	司马意	行政部	1700	510	500	15.75	2725.75	176.8	44.2	22.1	100	-1017.35	0	2383
14	KY012	令狐翔	物流部	1400	420	500		2320	145.6	36.4	18.2	0	-1380.2	0	2070
15	KY013	慕容勤	财务部	1700	510	450		2660	176.8	44.2	22.1	0	-1083.1	0	2417
16	KY014	柏国力	人力资源部	4000	1200	500	76.5	5776.5	416	104	52	0	1704.5	65.45	5139
17	KY015	周谦	物流部	2300	690	150	180	3320	239.2	59.8	29.9	0	-508.9	0	2991
18	KY016	刘民	市场部	3700	1110	500		5310	384.8	96.2	48.1	173	1280.9	38.427	4569
19	KY017	尔阿	物流部	2300	690	450	97.5	3537.5	239.2	59.8	29.9	0	-291.4	0	3209
20	KY018	夏蓝	人力资源部	2100	630	250		2980	218.4	54.6	27.3	17.5	-820.3	0	2662
21	KY019	皮桂华	行政部	1900	570	500	24	2994	197.6	49.4	24.7	63	-777.7	0	2659
22	KY020	段齐	人力资源部	2500	750	500		3750	260	65	32.5	0	-107.5	0	3393
23	KY021	费乐	财务部	2700	810	400	49.5	3959.5	280.8	70.2	35.1	150	73.4	2.202	3421
24	KY022	高亚玲	市场部	2500	750	500	82.5	3832.5	260	65	32.5	124.5	-25	0	3351
25	KY023	苏洁	市场部	1500	450	500	67.5	2517.5	156	39	19.5	25	-1197	0	2278
26	KY024	江宽	人力资源部	4500	1350	500	142.5	6492.5	468	117	58.5	37.5	2349	129.9	5682
27	KY025	王利伟	市场部	2900	870	500	144	4414	301.6	75.4	37.7	0	499.3	14.979	3984

图 2-105 完成计算后的"员工工资明细表"

任务 7 格式化"员工工资明细表"

（1）将工作表的标题设置为"合并后居中"格式，标题字体为"黑体""22 磅"，标题行行高为"50"。

（2）将列标题的字体设置为"加粗""居中"，行高设置为"30"。

（3）将表中所有的数据项格式设置为"会计专用"格式，保留两位小数，货币符号为"无"。

（4）为表格 A2:O27 数据区域添加内细外粗的蓝色边框。

（5）为"应发工资""应税工资"和"实发工资"三列数据区域添加"水绿色，强调文字颜色 5，淡色 80%"的底纹。

任务 8 制作"工资查询表"

在"员工工资明细表"的基础上，制作"工资查询表"，利用 VLOOKUP 函数可以实现每个员工对工资进行查询的需求。当输入员工的"编号"时，可以动态地在"工资查询表"显示该员工的各项工资信息。

（1）将 Sheet3 工作表重命名为"工资查询表"。

（2）创建图 2-106 所示的"工资查询表"。

（3）显示员工"姓名"。

① 选中 D2 单元格。

② 插入 VLOOKUP 函数，设置图 2-107 所示的参数。

图 2-106　创建"工资查询表"

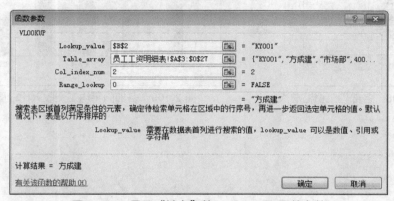

图 2-107　显示"姓名"的 VLOOKUP 函数参数

③ 按【Enter】键确认。

活力
小贴士

这里，由于 B2 单元格中未输入员工"编号"的查询数据，因此，在 D2 单元格中将显示"#N/A"字符。待输入需查询的"员工号"后，则可显示对应的数据。

（4）使用类似的方法，使用 VLOOKUP 函数构建查询其他数据项的公式。

（5）取消网格线显示。单击【视图】选项卡，在"显示"组中，取消勾选"网格线"复选框选项。

2.8.5　项目小结

本项目通过制作"员工工资管理表"，主要介绍了工作簿的创建、工作表重命名、外部数据的导入，使用函数 YEAR、DATEDIF、TODAY、ROUND、SUM 等构建了"工资基础信息表""加班费结算表"和"考勤扣款结算表"。在此基础上，使用公式和 VLOOKUP 函数，以及 IF 函数的嵌套创建出"员工工资明细表"。此外使用 VLOOKUP 函数制作出"工资查询表"，实现了对员工工资的轻松、高效管理。

2.8.6 拓展项目

1. 制作各部门工资汇总表

各部门的工资汇总表如图 2-108 所示。

2. 制作各部门平均工资收入比较图

各部门平均工资收入的比较图如图 2-109 所示。

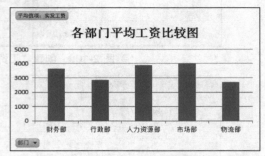

图 2-108　各部门工资汇总表　　　　　　　图 2-109　各部门平均工资收入比较图

第❸篇 市场篇

在激烈的市场竞争中，企业要想立于不败之地，必须不断发展、成长、壮大。在市场开发的过程中，需要用到各种各样的数据来进行分析、预测和评定。本篇将市场部门日常工作中经常使用的几种表格及数据处理提炼出来，在 Excel 2010 中运用合适的方法解决这些问题。

项目❾ 商品信息管理

示例文件	原始文件：示例文件\素材文件\项目 9\商品信息管理表.xlsx
	效果文件：示例文件\效果文件\项目 9\商品信息管理表.xlsx

3.9.1 项目背景

对于企业而言，产品是其核心，是了解企业的窗口，制作丰富多彩的商品信息资料有利于让消费者更好地了解产品，从而赢得商机，为企业带来更好的经济效益。

某公司代理了多个品牌的笔记本电脑，为了在暑假期间进行促销活动，让消费者更好地了解笔记本电脑的商品信息，需要制作并打印一张美观的表格进行宣传。本项目以制作"商品信息管理表"为例，介绍 Excel 制作商品信息管理的方法。

3.9.2 项目效果

图 3-1 所示为项目的最终效果。

图 3-1　商品信息管理表最终效果图

3.9.3 知识与技能

- 工作簿的创建
- 工作表重命名

- 数据的输入
- 设置单元格格式
- 设置行高、列宽
- 设置边框、底纹
- 插入、设置图片
- 设置货币符号
- 冻结窗格
- 打印设置和打印预览

3.9.4　解决方案

任务1　创建工作簿和重命名工作表

（1）启动 Excel 2010，新建一空白工作簿。

（2）将创建的工作簿以"商品信息管理表"为名保存在"D:\公司文档\市场部"文件夹中。

（3）将"商品信息管理表"中的 Sheet1 工作表重命名为"商品信息"。

任务2　建立商品信息清单

（1）输入表格中各字段标题。在 A1:G1 单元格中分别输入各个字段的标题内容，如图3-2 所示。

图3-2　"商品信息"标题内容

（2）输入产品序号。在 A2 单元格中输入"16-001"，选中 A2 单元格，拖曳其填充柄至 A16 单元格，如图 3-3 所示。填充后的数据如图 3-4 所示。

图3-3　使用填充柄填充"序号"　　　　图3-4　填充后的"序号"

（3）参照图 3-5 所示，输入其他的商品信息。

	A	B	C	D	E	F	G
1	序号	品牌	商品名称	规格	市场价格	优惠价格	图片
2	16-001	联想	ThinkPad 超薄本 New S2	13.3英寸	6599	6299	
3	16-002	三星	Samsung 500R5H-Y0A 超薄笔记本电脑	15.6英寸	5499	4898	
4	16-003	华硕	ASUS TP301UA 变形触控超薄本	13.3英寸	7680	7450	
5	16-004	戴尔	DELL Ins14MR-7508R 笔记本电脑	14英寸	4690	4399	
6	16-005	联想	Lenovo Ideapad 500s笔记本超薄电脑	14英寸	4980	4589	
7	16-006	宏基	Acer V5-591G-53QR 笔记本电脑	14英寸	5399	4999	
8	16-007	惠普	HP Pavilion 14-AL027TX 笔记本电脑	14英寸	4499	4099	
9	16-008	清华同方	THTF 锋锐K560-06笔记本	15.6英寸	3999	3698	
10	16-009	苹果	Apple MacBook PRO 笔记本电脑	13.3英寸	11888	10878	
11	16-010	海尔	Haier S520(win8.1版) 超薄笔记本	15.6英寸	2798	2499	
12	16-011	三星	SAMSUNG 270E5K-X06 笔记本电脑	15.6英寸	3499	3199	
13	16-012	神州	HASEE 优雅XS-5Y71S2 超级笔记本电脑	14英寸	4580	4266	
14	16-013	富士通	Fujitsu U536 超薄商务笔记本电脑	13.3英寸	6689	6499	
15	16-014	微星	MSI GL62 6QD-251XCN 笔记本电脑	15.6英寸	5366	5199	
16	16-015	宝扬	BYONE R15X i5超薄本	15.6英寸	2799	2599	
17							

图 3-5　商品信息数据

活力
小贴士

在输入"商品名称"列的数据时，由于字符数较多，当超过默认列宽时，该列字符自动延伸到右边的列，但在 D 列中输入产品"规格"时，C 列中超过列宽的字符会自动被遮挡，如图 3-6 所示。此时，可通过调整列宽显示被遮挡的字符。调整列宽可使用菜单命令来实现，也可通过手动调整列宽。

	A	B	C	D
1	序号	品牌	商品名称	规格
2	16-001	联想	ThinkPad	13.3英寸
3	16-002	三星	Samsung S	15.6英寸
4	16-003	华硕	ASUS TP30	13.3英寸
5	16-004	戴尔	DELL Ins1	14英寸
6	16-005	联想	Lenovo Id	14英寸
7	16-006	宏基	Acer V5-5	15.6英寸
8	16-007	惠普	HP Pavili	14英寸
9	16-008	清华同方	THTF 锋锐	15.6英寸
10	16-009	苹果	Apple Mac	13.3英寸
11	16-010	海尔	Haier S52	15.6英寸
12	16-011	三星	SAMSUNG 2	15.6英寸
13	16-012	神州	HASEE 优	14英寸
14	16-013	富士通	Fujitsu U	13.3英寸
15	16-014	微星	MSI GL62	15.6英寸
16	16-015	宝扬	BYONE R1	15.6英寸
17				

图 3-6　"商品名称"数据被遮挡

任务 3　设置文本格式

（1）设置列标题字体格式。

① 选中 A1:G1 单元格区域。

② 在【开始】→【字体】选项组中，分别设置字体为"黑体"，字号为"14"；设置字体颜色为"深蓝"色；水平对齐方式为"居中"。

（2）设置其余部分的字体格式。

① 选中 A2:G16 单元格区域。

② 单击【开始】→【字体】→【设置单元格格式：字体】按钮，打开【设置单元格格式】对话框，如图 3-7 所示。

③ 在【字体】列表中选择"宋体"，在【字形】列表中选择"常规"，在【字号】列表中选择"14"。

④ 单击【确定】按钮。

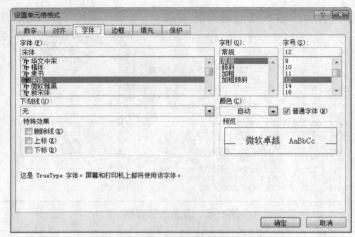

图 3-7 "设置单元格格式"对话框

任务 4 调整行高

（1）按【Ctrl】+【A】组合键，选中整张工作表。

（2）单击【开始】→【单元格】→【格式】按钮，从下拉菜单中选择【行高】命令，打开【行高】对话框，在"行高"的文本框中输入"55"。

任务 5 调整列宽

（1）调整"商品名称"列的列宽。将鼠标移至 C 列和 D 列的列标交界处，当鼠标指针变成双向拖拉箭头状"↔"时，按住鼠标左键不放向右拖曳，直至"商品名称"列能完全显示为止。

（2）调整"图片"列的列宽为"15"。

（3）调整其他列的列宽。分别将鼠标指针移到 A、B、D、E、F 列的右边列线上，双击鼠标，Excel 将根据需要自动调整列宽。

任务 6 插入艺术字标题

（1）在表格的第 1 行之前插入一空行。

（2）单击【插入】→【文本】→【艺术字】按钮，打开"艺术字"样式列表，如图 3-8 所示。

（3）从"艺术字"样式列表中选择一种适合的样式，这里我们选择第 3 行第 4 列的样式"渐变填充–蓝色，强调文字颜色 1"，在工作表中出现图 3-9 所示的默认的艺术字文字。

（4）单击艺术字，使其处于输入状态，输入艺术字标题文字"笔记本电脑产品清单"。

（5）设置艺术字的格式。

① 单击艺术字边框使其处于被选中状态,然后按住鼠标左键拖曳至表格 A1:G1 单元格区域的中间。

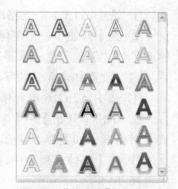

图 3-8 "艺术字"样式列表

图 3-9　插入默认的"艺术字"文字

② 在艺术字边框上单击，使其处于被选中状态，然后设置字体为"华文行楷"、字号为"40"。

艺术字标题的设置效果如图 3-10 所示。

	A	B	C	D	E	F	G
1			笔记本电脑产品清单				
2	序号	品牌	商品名称	规格	市场价格	优惠价格	图片
	16-001	联想	ThinkPad 超薄本 New S2	13.3英寸	6599	6299	
	16-002	三星	Samsung 500R5H-Y0A 超薄笔记本电脑	15.6英寸	5499	4898	

图 3-10　艺术字标题效果

任务7　插入图片

（1）选中要插入图片的单元格 G3。

（2）单击【插入】→【插图】→【图片】按钮，打开【插入图片】对话框，此时，默认的"查找范围"是"库/图片"文件夹。

（3）选择所需图片的存储路径"D:\公司文档\市场部\商品图片"文件夹，如图 3-11 所示。

图 3-11　"插入图片"对话框

（4）选择需要插入的商品图片，单击【插入】按钮，可完成图片的插入，如图 3-12 所示。此时，图片为其原始大小，可根据需要调整图片大小。

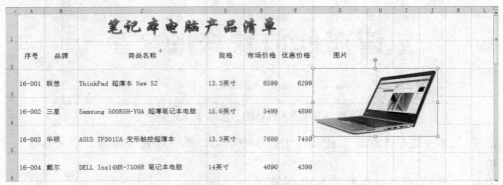

图 3-12　插入图片的效果

任务 8　调整图片大小

（1）用鼠标右键单击图片，从快捷菜单中选择【设置图片格式】命令，打开"设置图片格式"对话框。

（2）从对话框左侧的列表中选择"大小"选项，选中"缩放比例"栏中的"锁定纵横比"复选框，然后将高度调整为"35%"，同时宽度也同步缩放为"35%"，如图 3-13 所示。

（3）单击【关闭】按钮，完成图片大小的调整。

**活力
小贴士**

调整图片的大小除了使用上面的方法外，还可以通过下面两种方法来实现。

① 指定图片的"高度"和"宽度"。根据需要，在图 3-13 所示的对话框中，设置"尺寸和旋转"栏中的"高度"和"宽度"值，此时一般需要取消选中"锁定纵横比"选项。

② 手动调整图片大小。单击图片使其处于被选中状态，图片周围共有 8 个控制点，将鼠标指针移动靠近图片右下角的控制点，当鼠标指针变为"↖"形状时，拖动鼠标调整到需要的尺寸大小即可。

图 3-13　"设置图片格式"对话框

任务 9　移动图片

插入图片后，其位置不一定合适，我们可以移动图片，调整它的位置。

（1）单击选中要移动的图片。

（2）当鼠标指针处于"✛"状态时，拖曳鼠标将图片移至合适位置，如图 3-14 所示。

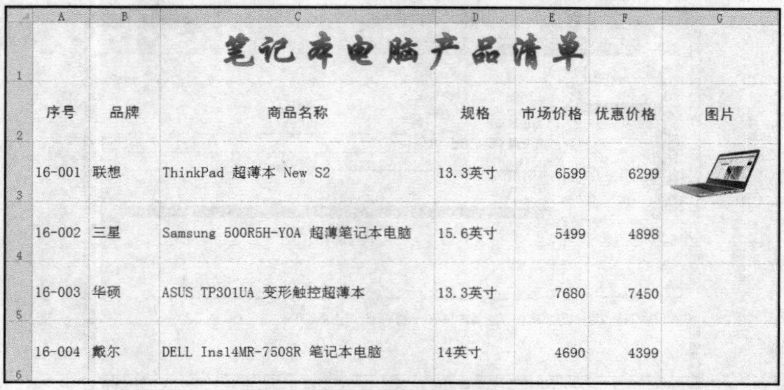

		笔记本电脑产品清单				
序号	品牌	商品名称	规格	市场价格	优惠价格	图片
16-001	联想	ThinkPad 超薄本 New S2	13.3英寸	6599	6299	
16-002	三星	Samsung 500R5H-Y0A 超薄笔记本电脑	15.6英寸	5499	4898	
16-003	华硕	ASUS TP301UA 变形触控超薄本	13.3英寸	7680	7450	
16-004	戴尔	DELL Ins14MR-7508R 笔记本电脑	14英寸	4690	4399	

图 3-14 移动图片后的效果

任务 10 插入其余图片

参照任务 7 至任务 9 插入其余商品图片，并调整其大小和位置，如图 3-15 所示。

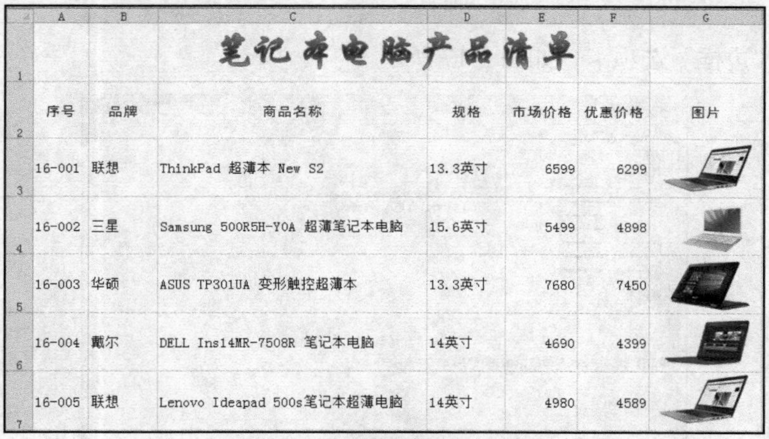

		笔记本电脑产品清单				
序号	品牌	商品名称	规格	市场价格	优惠价格	图片
16-001	联想	ThinkPad 超薄本 New S2	13.3英寸	6599	6299	
16-002	三星	Samsung 500R5H-Y0A 超薄笔记本电脑	15.6英寸	5499	4898	
16-003	华硕	ASUS TP301UA 变形触控超薄本	13.3英寸	7680	7450	
16-004	戴尔	DELL Ins14MR-7508R 笔记本电脑	14英寸	4690	4399	
16-005	联想	Lenovo Ideapad 500s笔记本超薄电脑	14英寸	4980	4589	

图 3-15 插入其余图片后的效果

任务 11 设置表格格式

工作表编辑完毕后，我们可对表格进一步修饰，使其更加美观，如数据格式、边框、底纹等。

（1）设置数据格式，为表中的“市场价格”和“优惠价格”两项数据添加货币符号。

① 选中 E3:F17 单元格区域。

② 单击【开始】→【数字】→【设置单元格格式：数字】按钮，打开【设置单元格格式】对话框。

③ 选择“数字”选项卡，在“分类”列表框中选择“货币”，将右侧“小数位数”设置为“0”，再选择货币符号为人民币符号“¥”，如图 3-16 所示。

④ 单击【确定】按钮，所选定的单元格呈现出选中货币符号的效果。

（2）设置边框样式和颜色。默认情况下，Excel 所显示的边框为虚框，为了使显示或打印出来的表格更加美观，往往需要设置表格边框的样式和颜色。

图 3-16 "设置单元格格式"对话框中的"数字"选项卡

① 选中 A2:G17 单元格区域。

② 单击【开始】→【数字】→【设置单元格格式：数字】按钮，打开【设置单元格格式】对话框。

③ 选择"边框"选项卡，如图 3-17 所示。

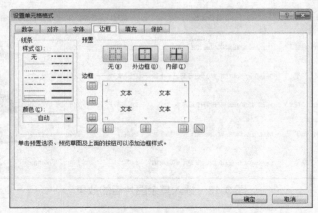

图 3-17 "设置单元格格式"对话框中的"边框"选项卡

④ 从"颜色"下拉列表中选择"标准色"中的"蓝色"。

⑤ 在"线条"样式列表中选择"双实线"（第 1 列第 7 行），单击"预置"选项中的"外边框"。

⑥ 在"线条"样式列表中选择"虚线"（第 1 列第 2 行），单击"预置"选项中的"内边框"。

⑦ 单击【确定】按钮，完成边框的设置。

（3）设置底纹颜色。

① 选中 A2:G2、A3:A17 单元格区域。

② 单击【开始】→【字体】→【填充颜色】右侧的下拉按钮，在弹出的颜色面板中选择"标准色"中的"浅蓝"。

设置了边框和底纹的表格如图 3-18 所示。

	A	B	C	D	E	F	G
1			笔记本电脑产品清单				
2	序号	品牌	商品名称	规格	市场价格	优惠价格	图片
3	16-001	联想	ThinkPad 超薄本 New S2	13.3英寸	¥6,599	¥6,299	
4	16-002	三星	Samsung 500R5H-YOA 超薄笔记本电脑	15.6英寸	¥5,499	¥4,898	
5	16-003	华硕	ASUS TP301UA 变形触控超薄本	13.3英寸	¥7,680	¥7,450	
6	16-004	戴尔	DELL Ins14MR-7508R 笔记本电脑	14英寸	¥4,690	¥4,399	

图 3-18 设置边框和底纹的表格

任务 12 冻结窗格

当我们在制作一个 Excel 表格时，如果行、列数较多时，需要向下或向右滚动数据表，这时表头也将随着滚动，而不能在屏幕上显示出来。利用"冻结窗格"功能可以很好地解决这一问题。

冻结窗格是指滚动数据表中的数据记录时将部分数据固定在窗口的上方或左侧，使表头始终显示在屏幕的可视区域内。

（1）选中 B3 单元格为冻结点。

（2）单击【视图】→【窗口】→【冻结窗格】按钮，从打开的下拉列表中选择【冻结拆分窗格】命令，这样，在 B 列的左侧及第 3 行的上方均出现了一条冻结线。

活力
小贴士

① 如果滚动工作表其余部分时，只需保持首行可见，则可以选择【冻结首行】命令。
② 如果滚动工作表其余部分时，只需保持首列可见，则可以选择【冻结首列】命令。
③ 若想取消冻结窗格，单击【视图】→【窗口】→【冻结窗格】按钮，从打开的下拉列表中选择【取消冻结窗格】命令。

任务 13 打印预览表格

通过以上操作，我们已经完成了"商品信息管理表"的制作，为了便于宣传，需要将制作好的"商品信息管理表"打印出来。为使打印出来的"商品信息管理表"美观大方，我们还需要对打印页面进行设置。

（1）设置页面。

① 单击【页面布局】→【页面设置】按钮，打开"页面设置"对话框，按图 3-19 所示数据设置页边距。

② 切换到"页面"选项卡，设置纸张方向为"横向"。

（2）分页预览。选定要预览的"商品信息"管理表，

图 3-19 设置页边距

单击【视图】→【工作簿视图】→【分页预览】按钮，此时，工作表从普通视图转为分页预览视图，屏幕上同时会显示一个【欢迎使用"分页预览"视图】的提示框，如图 3-20 所示。

图 3-20 "欢迎使用'分页预览'视图"的提示框

（3）设置打印区域。工作表中蓝色边框包围的区域为打印区域，灰色区域为不可打印区域。如果打印区域不符合要求，可通过拖曳图 3-21 中所示的分页符来调整其大小。

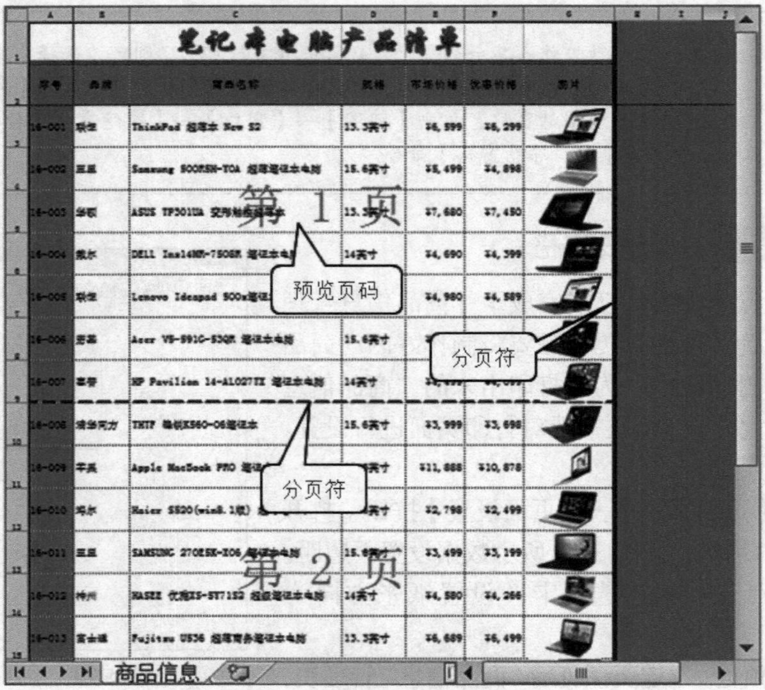

图 3-21 "分页预览"视图

① 将光标移到垂直分页符上，当鼠标指针变为"↔"形状时，向左右拖曳分页符，可增加或减少水平方向的打印区域。

② 将光标移到水平分页符上，当鼠标指针变为"↕"形状时，向上下拖曳分页符，增加或减少垂直方向的打印区域。

（4）设置打印标题。Excel 表格通常会包含几十甚至成百上千行的数据，正常情况下，打印时只有第 1 页能打印出标题行，单独看后面的页面时会很不方便，这样，打印时需要设置打印标题。

① 单击【页面布局】→【页面设置】按钮，打开"页面设置"对话框。

② 切换到"工作表"选项卡，如图 3-22 所示。单击"打印标题"选项中的"顶端标题行"右侧的折叠按钮，打开"页面设置–顶端标题行"对话框，如图 3-23 所示。

图 3-22　"页面设置"对话框中的"工作表"选项卡

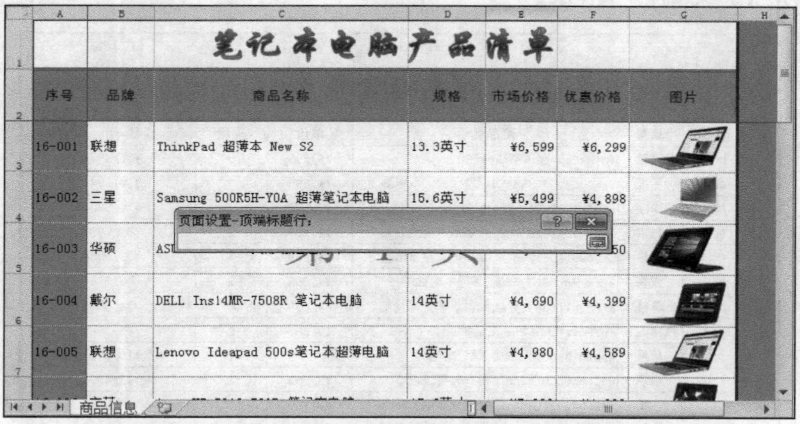

图 3-23　"页面设置-顶端标题行"对话框

③ 在工作表中选择需要出现在每一页上的标题行，这里我们选择第 2 行。此时在【页面设置-顶端标题行】对话框中将出现"$2:$2"，即第 2 行为打印输出时的标题行。

④ 单击【页面设置-顶端标题行】对话框右上角的"关闭"按钮⊠，返回【页面设置】对话框。

⑤ 单击【确定】按钮，完成页面设置。

3.9.5　项目小结

本项目通过制作"商品信息管理表"，主要介绍了 Excel 的数据录入、单元格中数据格式的设置、调整行高和列宽，以及为表格设置边框和底纹。此外，在制作商品信息管理表时，为了使报表更加美观，在表中插入了图片，并对图片进行了的编辑和移动操作。对于Excel 表格，冻结窗格是经常使用到的一项功能。通过对打印页面进行设置，我们可以打印出一份满意的表格。

3.9.6 拓展项目

1. 统计各种商品价格优惠比例

产品价格优惠比例表如图 3-24 所示。

	A	B	C	D	E	F	G
1	序号	品牌	商品名称	规格	市场价格	优惠价格	优惠比例
2	16-001	联想	ThinkPad 超薄本 New S2	13.3英寸	¥6,599	¥6,299	5%
3	16-002	三星	Samsung 500R5H-Y0A 超薄笔记本电脑	15.6英寸	¥5,499	¥4,898	11%
4	16-003	华硕	ASUS TP301UA 变形触控超薄本	13.3英寸	¥7,680	¥7,450	3%
5	16-004	戴尔	DELL Ins14MR-7508R 笔记本电脑	14英寸	¥4,690	¥4,399	6%
6	16-005	联想	Lenovo Ideapad 500s笔记本超薄电脑	14英寸	¥4,980	¥4,589	8%
7	16-006	宏基	Acer V5-591G-53QR 笔记本电脑	15.6英寸	¥5,399	¥4,999	7%
8	16-007	惠普	HP Pavilion 14-AL027TX 笔记本电脑	14英寸	¥4,499	¥4,099	9%
9	16-008	清华同方	THTF 锋锐K560-06笔记本	15.6英寸	¥3,999	¥3,698	8%
10	16-009	苹果	Apple MacBook PRO 笔记本电脑	13.3英寸	¥11,888	¥10,878	8%
11	16-010	海尔	Haier S520(win8.1版) 超薄笔记本	15.6英寸	¥2,798	¥2,499	11%
12	16-011	三星	SAMSUNG 270E5K-X06 笔记本电脑	15.6英寸	¥3,499	¥3,199	9%
13	16-012	神州	HASEE 优雅XS-5Y71S2 超级笔记本电脑	14英寸	¥4,580	¥4,266	7%
14	16-013	富士通	Fujitsu U536 超薄商务笔记本电脑	13.3英寸	¥6,689	¥6,499	3%
15	16-014	微星	MSI GL62 6QD-251XCN 笔记本电脑	15.6英寸	¥5,366	¥5,199	3%
16	16-015	宝扬	BYONE R15X i5超薄本	15.6英寸	¥2,799	¥2,599	7%

图 3-24　产品价格优惠比例表

2. 制作采购报价清单

图 3-25 所示为采购报价清单。

序号	品牌	产品名称	单价	数量	金额	备注
		采购报价清单				
001	联想	ThinkPad 超薄本 New S2	¥6,299	5	¥31,495	
002	三星	Samsung 500R5H-Y0A 超薄笔记本电脑	¥4,898	3	¥14,694	
003	华硕	ASUS TP301UA 变形触控超薄本	¥7,450	10	¥74,500	
004	戴尔	DELL Ins14MR-7508R 笔记本电脑	¥4,399	2	¥8,798	
005	联想	Lenovo Ideapad 500s笔记本超薄电脑	¥4,589	7	¥32,123	
006	宏基	Acer V5-591G-53QR 笔记本电脑	¥4,999	2	¥9,998	配置清单
007	惠普	HP Pavilion 14-AL027TX 笔记本电脑	¥4,099	6	¥24,594	见附件
008	清华同方	THTF 锋锐K560-06笔记本	¥3,698	2	¥7,396	
009	苹果	Apple MacBook PRO 笔记本电脑	¥10,878	1	¥10,878	
010	海尔	Haier S520(win8.1版) 超薄笔记本	¥2,499	1	¥2,499	
011	三星	SAMSUNG 270E5K-X06 笔记本电脑	¥3,199	3	¥9,597	
012	神州	HASEE 优雅XS-5Y71S2 超级笔记本电脑	¥4,266	5	¥21,330	
合计金额		¥247,902		大写金额：	贰拾肆柒仟玖佰零贰 元	

图 3-25　采购报价单

项目 10　客户信息管理

示例文件	原始文件：示例文件\素材文件\项目 10\客户信息管理表.xlsx
	效果文件：示例文件\效果文件\项目 10\客户信息管理表.xlsx

3.10.1 项目背景

随着公司的不断发展，会有越来越多的客户。收集、整理客户信息资料，建立客户档案、管理客户信息资料是市场部门的一项重要工作。科学、有效地管理客户信息，不仅能提高日常工作效率，同时还能增加企业的市场竞争能力。本项目以制作"客户信息管理表"为例，介绍利用 Excel 制作客户信息管理表的方法。

3.10.2 项目效果

"客户信息管理表"的效果如图 3-26 所示。

	A	B	C	D	E	F	G	H	I
1	客户编号	公司名称	地区	客户类别	公司地址	联系人	邮政编码	电话	邮箱地址
2	0001	天宝公司	华东	签约	大崇明路50号	李全明	264001	13515644233	lqm@163.com
3	0002	永嘉药业公司	华北	临时	承德西路80号	陈晓鸥	264009	13245641266	chenxiaoou@126.com
4	0003	利达有限公司	东北	临时	黄台北路780号	程晨	276001	13589898898	chenc@126.com
5	0004	黄河工业公司	西南	签约	天府东街30号	刘林青	285004	(023)91244540	liulq@1126.com
6	0005	兰若洗涤用品	西北	签约	东园西甲30号	谭安宏	365045	13556556200	tyan@sohu.com
7	0006	三捷有限公司	华东	签约	常保阁东80号	苏泉林	134452	13056145412	sql@163.com
8	0007	蓝德网络	华东	临时	广发北路10号	周露	121246	13826356542	zhoul@126.com
9	0008	华北贸易	华北	签约	临翠大街80号	王姗姗	465642	13626598808	wangss@126.com
10	0009	凯旋科技公司	华南	临时	花园东街90号	张灿	132330	13856468985	zhangcan@kh.com
11	0010	乐天服饰	西南	临时	平谷大街38号	李浦安	272001	15925622032	liyan@126.com
12	0011	可由公司	华南	临时	黄石路50号	汤启然	272006	13752652202	tqran@sohu.com
13	0012	阳林企业	华北	签约	经七纬二路13号	田甜	275620	13056962041	tiantian@126.com
14	0013	利民公司	东北	签约	英雄山路84号	李雨林	275604	13146556855	lyl@126.com
15	0014	环球工贸	华南	签约	白广路314号	丁萧	865410	13421235620	dingx@hq.com
16	0015	佳佳乐超市	华北	签约	七一路37号	郑卓	954201	13056568742	zhengz@163.com
17	0016	大洋家电	华北	签约	劳动路23号	许维	624001	13065547333	xwei@126.com
18	0017	冀中科技	西南	临时	光明东路395号	崔秦玉	635400	13415644233	cqy@126.com
19	0018	正人企业	华北	临时	沉香街329号	白毅	466120	13945641266	baiyi@zr.com

图 3-26 "客户信息管理表"效果图

3.10.3 知识与技能

- 创建工作簿、重命名工作表
- 数据记录单
- 文本型数据的格式设置
- 自动套用格式
- 批注
- 保护工作簿

3.10.4 解决方案

任务1 创建工作簿和重命名工作表

（1）启动 Excel 2010，新建一空白工作簿。

（2）将创建的工作簿以"客户信息管理表"为名保存在"D:\公司文档\市场部"文件夹中。

（3）将"客户信息管理表"中的 Sheet1 工作表重命名为"客户基本信息"。

任务2 利用"记录单"管理"客户信息"

**活力
小贴士**

由于"客户信息管理表"中的数据较多，直接在工作表中输入数据是一件很烦琐的事情，需要来回拉动滚动条，既麻烦又容易错行，非常不方便。这时，我们可以利用记录单来输入。

为向数据清单中输入数据，Excel 提供了一种专用窗口——记录单，它将使我们的工作变得非常轻松。记录单，就是将一条记录的数据信息按信息段分成几项，分别存储在同一行的几个单元格中，在同一列中分别存储所有记录的相似信息段。Excel 还提供了记录单的编辑和管理数据的功能，可以很容易地在其中处理和分析数据，为管理数据提供了更为简便的方法。

使用记录单功能可以轻松地对工作表中的数据进行查看、查找、新建、删除等操作，就像在数据库中进行操作一样。下面我们就利用记录单的功能向客户信息管理表中填写数据。

在 Excel 2010 中，默认状态下"记录单"工具没有出现在功能区中，需要用户自己添加到功能区中。

（1）添加"记录单"工具。

① 单击【文件】→【选项】命令，打开"Excel 选项"对话框。

② 在左侧的窗格中选择"自定义功能区"选项，如图 3-27 所示，在右侧的窗格中显示与自定义功能区的相关内容。

图 3-27　自定义功能区

③ 在右侧窗格的"自定义功能区"下拉列表中选择默认的"主选项卡"选项，在下面的列表框中选择"插入"选项，单击【新建组】按钮，在"插入"选项卡中建立一个新的组，如图 3-28 所示。

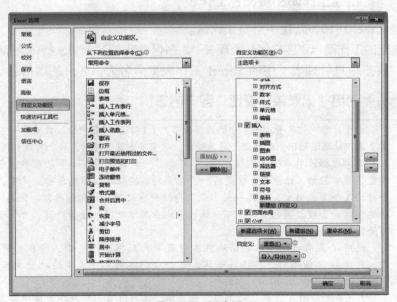

图 3-28　新建组

④ 选中"新建组"，单击【重命名】按钮，在打开的"重命名"对话框中"显示名称"右侧的文本框中输入"记录单"，如图 3-29 所示，单击【确定】按钮，返回"Excel 选项"对话框。

⑤ 在"Excel 选项"对话框的"自定义功能区"命令组中，单击"从下列位置选择命令"列表框右侧的下拉箭头，在下拉列表中选择【不在功能区中的命令】，然后拖动下方列表右侧的滚动条至下部位置，选中【记录单】，再单击【添加】按钮，将【记录单】命令添加到"插入"选项卡的"记录单"组中，如图 3-30 所示。

图 3-29 重命名新建组

图 3-30 将"记录单"添加到选项卡中

⑥ 单击【确定】按钮，关闭"Excel 选项"对话框，此时，在功能区中的"插入"选项卡中，显示了"记录单"命令，如图 3-31 所示。

图 3-31 添加"记录单"的功能区

（2）创建顶端标题行。在 A1:I1 单元格中输入"客户信息管理表"的标题行，如图 3-32 所示。

图 3-32 "客户信息管理表"的标题行

（3）选中 A1 单元格，单击【插入】→【记录单】按钮，弹出图 3-33 所示的提示框，单击【确定】按钮确认列表的首行用作标签，打开【客户基本信息】对话框，如图 3-34 所示，此时记录单的名称与工作表的名称相同。

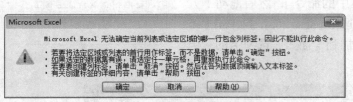

图 3-33 "记录单"提示框   图 3-34 "客户基本信息"记录单对话框

**活力
小贴士**

如果数据清单中还没有记录，单击【插入】→【记录单】按钮后会先打开图 3-33 所示的提示对话框，若已经有输入记录后再使用记录单，则可直接打开记录单对话框。

（4）在该对话框中自动将数据清单的列标题作为字段名，我们可以逐条地输入每个客户记录，按【Tab】键或【Shift】+【Tab】组合键可在字段之间向后或向前切换。这里，可参照图 3-26 先输入第 1 条客户记录，录入后的效果如图 3-35 所示。

（5）单击【新建】按钮，可将该记录写入工作表中。然后，可依此方法继续在空白的窗口中输入后面的其他记录。

（6）当记录输入完毕后，可单击【关闭】按钮，返回工作表。此时，工作表中的数据如图 3-36 所示。

图 3-35 使用"记录单"输入
第 1 条客户信息

	A	B	C	D	E	F	G	H	I
1	客户编号	公司名称	地区	客户类别	公司地址	联系人	邮政编码	电话	邮箱地址
2	1	天宝公司	华东	签约	大崇明路50号	李全明	264001	13515644233	liqm@163.com
3	2	永嘉药业公司	华北	临时	承德西路80号	陈晓鸥	264009	13245641266	chenxiaoou@126.com
4	3	利达有限公司	东北	临时	黄台北路780号	程晨	276001	13589898898	chenc@126.com
5	4	黄河工业公司	西南	签约	天府东街30号	刘林青	285004	(023)91244540	liulq@1126.com
6	5	兰若洗涤用品	西北	签约	东园西甲30号	谭易安	365045	13556556200	tyan@sohu.com
7	6	三捷有限公司	华北	签约	常保阁东80号	苏泉林	134452	13056145412	sql@163.com
8	7	蓝德网络	华东	临时	广发北路10号	周露	121246	13826356542	zhoul@126.com
9	8	华北贸易	华北	签约	临翠大街80号	王珊珊	465642	13626598808	wangss@126.com
10	9	凯旋科技公司	华南	临时	花园东街90号	张灿	132330	13856468985	zhangcan@kh.com
11	10	乐天服饰	西南	临时	平谷大街38号	李渝安	272001	15925622032	liyan@126.com
12	11	可由公司	华南	临时	黄石路50号	汤启然	272006	13752652023	tqran@sohu.com
13	12	阳林企业	华北	签约	经七纬二路13号	田甜	275620	13056962041	tiantian@126.com
14	13	利民公司	东北	签约	英雄山路84号	李雨林	275604	13146556855	lyl@126.com
15	14	环球工贸	华南	签约	白广路314号	丁萧	865410	13421235620	dingx@hq.com
16	15	佳佳乐超市	华北	签约	七一路37号	郑卓	954201	13056568742	zhengz@163.com
17	16	大洋家电	华东	签约	劳动路23号	许维	624001	13065547333	xwei@126.com
18	17	冀中科技	西南	临时	光明东路395号	崔泰玉	635400	13415644233	cqy@126.com
19	18	正人企业	华北	临时	沉香街329号	白毅	466120	13945641266	baiyi@zr.com

图 3-36 "客户基本信息"数据

**活力
小贴士**

当输入记录后，若需对表中的数据进行浏览、添加、删除、修改、查询等操作，除可直接在工作表中进行外，也可再次打开记录单对话框，通过选择相应按钮进行操作。

① 浏览：单击"客户基本信息"对话框中的【上一条】或【下一条】按钮，可浏览表中的记录。

② 添加：在"客户基本信息"对话框中单击【新建】按钮，可添加新的客户基本信息。

③ 删除：通过对话框中的【上一条】或【下一条】按钮，找到要删除的记录，单击【删除】按钮，在打开的提示框中如果单击【确定】按钮则删除记录，如果单击【取消】按钮则放弃操作。如图 3-37 所示。

图 3-37 "删除记录"提示框

④ 查询：在"客户基本信息"记录单对话框中单击【条件】按钮，将自动清空文本框的记录显示，等待用户输入查询条件，同时【条件】按钮变为【表单】按钮。例如，要查找公司名称为"利民公司"的客户记录，可以在【公司名称】文本框中输入"利民公司"，如图 3-38 所示。然后按【Enter】键，客户基本信息记录单就会自动定位到公司名称为"利民公司"的记录上，并将其显示在"客户基本信息"记录单中，如图3-39 所示。

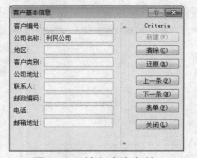

图 3-38 输入查询条件

图 3-39 查询结果

任务3 设置文本型数字"客户编号"的数据格式

在图 3-35 中，尽管我们将"客户编号"字段的内容输入为"0001"，但在图 3-36 中，我们发现，该项数据显示为"1"，即系统将该文本型数据作为常规的数字进行了处理，去掉了前面的"0"。在实际中，我们希望用"文本"型来处理这类数据，下面，我们就对这类数据进行格式设置。

（1）选中 A2:A19 单元格，单击【开始】→【数字】→【设置单元格格式：数字】按钮，打开"设置单元格格式"对话框，如图 3-40 所示。

（2）在"数字"选项卡的"分类"列表中选择"特殊"类型，将右侧的"区域设置"选择为"俄语"，再从右边的"类型"中选择图 3-41 所示的选项，然后单击【确定】按钮。

101

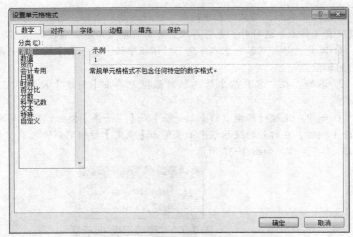

图 3-40　"设置单元格格式"对话框

（3）所选定区域的数据格式显示为"0001"的文本型数字格式。

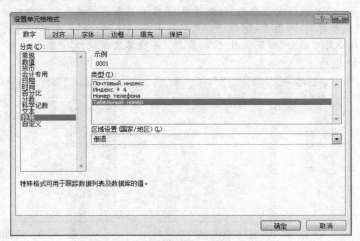

图 3-41　设置数据为"特殊"类型

**活力
小贴士**

我们在用 Excel 输入身份证号、银行账号或比较长的数字的时候，Excel 会自动以科学计数方式将数字显示出来，而且数字的最后几位可能会自动变成0，这里介绍一种利用 Excel 输入身份证号及长数字的技巧。

① 将要输入长数字的单元格的数字格式设置为"文本"。

选中要输入数据的单元格区域，单击【开始】→【数字】→【设置单元格格式：数字】按钮，打开"设置单元格格式"对话框，在"数字"选项卡的"分类"列表中选择"文本"，最后单击【确定】按钮，即把数据区域设置为文本格式输入数据。注意：一定要先设置好单元格格式为文本格式，再输入数据。

② 在输入数字前先输入单引号"'"符号，即"'123456789546123"，就能完整显示数字串了。注意：这里的单引号必须是英文状态下的。

任务 4　使用自动套用格式设置表格格式

（1）选中 A1:I19 单元格区域，单击【开始】→【样式】→【套用表格格式】按钮，打开【表格样式】列表，如图 3-42 所示。

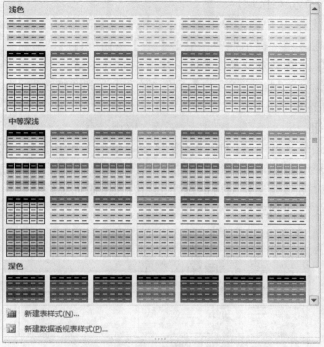

图 3-42　"套用表格格式"列表

（2）从列表中选择一种合适的格式，这里，我们选择"表样式中等深浅 1"，打开图 3-43 所示的"套用表格式"对话框，单击【确定】按钮确认应用区域，自动套用格式后的工作表如图 3-44 所示。

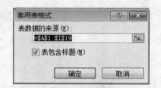

图 3-43　"套用表格式"对话框

客户编号	公司名称	地区	客户类别	公司地址	联系人	邮政编码	电话	邮箱地址
0001	天宝公司	华东	签约	大崇明路50号	李全明	264001	13515644233	llqm@163.com
0002	永嘉药业公司	华北	临时	承德西路80号	陈晓鸥	264009	13245641266	chenxiaoou@126.com
0003	利达有限公司	东北	临时	黄台北路780号	程晨	276001	13589898898	chenc@126.com
0004	黄河工业公司	西南	签约	天府东街30号	刘林青	285004	(023)91244540	liulq@1126.com
0005	兰若洗涤用品	西北	签约	东园西申30号	谭易安	365045	13556556200	tyan@sohu.com
0006	三捷有限公司	华东	签约	常保阁东80号	苏泉林	134452	13056145412	sql@163.com
0007	蓝德网络	华北	临时	广发北路10号	周霖	121246	13826356542	zhoul@126.com
0008	华北贸易	华北	签约	临翠大街80号	王珊珊	465642	13626598808	wangss@126.com
0009	凯旋科技公司	华南	临时	花园东街90号	张灿	132330	13856468985	zhangcan@kh.com
0010	乐天服饰	西南	临时	平谷大街38号	李渝安	272001	15925622032	liyan@126.com
0011	自由公司	华南	临时	黄石路50号	汤启然	272006	13752652023	tqran@sohu.com
0012	阳林企业	华北	签约	经七纬二路13号	田甜	275620	13056962041	tiantian@126.com
0013	利民公司	东北	签约	英雄山路84号	李雨林	275604	13146556855	lyl@126.com
0014	环球工贸	华北	签约	白广路314号	丁萧	865410	13421235620	dingx@hq.com
0015	佳佳乐超市	华北	签约	七一路37号	郑卓	954201	13056568742	zhengz@163.com
0016	大洋家电	华北	签约	劳动路23号	许维	624001	13065547333	xwei@126.com
0017	冀中科技	西南	临时	光明东路395号	崔泰玉	635400	13415644233	cqy@126.com
0018	正人企业	华北	临时	沉香街329号	白毅	466120	13945641266	baiyi@zr.com

图 3-44　自动套用格式后的工作表

任务 5　手动设置工作表格式

自动套用格式虽然简便快捷，但它的类型有限，而且样式固定。我们可在此基础上，利用手动方式，对工作表的字体、对齐方式、边框、底纹等重新进行设置。

（1）将自动套用格式后的列表转换为普通区域。

① 选中 A1:I19 单元格区域。

② 单击鼠标右键，从快捷菜单中选择【表格】→【转换为区域】命令，在弹出的"是否将表格转换为普通区域"提示框中，单击【是】按钮进行确认。

（2）将 A1:I1 单元格字体设置为黑体、14 磅、居中对齐。

（3）将"客户编号""地区""客户类别""联系人"和"邮政编码"字段的对齐方式设置为"居中"。分别选定 A2:A19、C2:D19、F2:G19 单元格区域，单击【开始】→【对齐方式】→【居中】按钮。

（4）设置表格边框。选中 A1:I19 单元格区域，单击【开始】→【数字】→【设置单元格格式】按钮，打开"设置单元格格式"对话框，切换到"边框"选项卡，如图 3-45 所示。单击"边框"栏中"竖线"边框对应的按钮，为表格添加竖线，再单击【确定】按钮，手动设置完成后的工作表格式如图 3-46 所示。

图 3-45 "设置单元格格式"对话框中的"边框"选项卡

客户编号	公司名称	地区	客户类别	公司地址	联系人	邮政编码	电话	邮箱地址
0001	天宝公司	华东	签约	大寨明路50号	李全明	264001	13515644233	liqm@163.com
0002	永嘉药业公司	华北	临时	承德西路80号	陈晓鸥	264009	13245641266	chenxiaoou@126.com
0003	利达有限公司	东北	临时	黄台北路780号	程晨	276001	13589898898	chenc@126.com
0004	黄河工业公司	西南	签约	天府东街30号	刘林青	285004	(023)91244540	liulq@1126.com
0005	兰若洗涤用品	西北	临时	东园西申30号	谭易安	365045	13556556200	tyan@sohu.com
0006	三捷有限公司	华东	签约	常荣图东80号	苏泉林	134452	13056145412	sql@163.com
0007	蓝德网络	华东	临时	广发北路10号	周露	121246	13826356542	zhoul@126.com
0008	华北贸易	华北	签约	临翠大街80号	王腊腊	465642	13626598808	wangss@126.com
0009	凯旋科技公司	华南	临时	花园东街90号	张灿	132330	13856468985	zhangcan@kh.com
0010	乐天服饰	华北	临时	平谷大街38号	李渝安	272001	15925622032	liyan@126.com
0011	可由公司	华南	临时	黄石路50号	汤启然	272006	13752652023	tgran@sohu.com
0012	阳林企业	华北	签约	经七纬二路13号	田甜	275620	13056962041	tiantian@126.com
0013	利民公司	东北	签约	英雄山路84号	李雨林	276624	13146556855	lyl@126.com
0014	环球工贸	华南	签约	白广路314号	丁萧	865410	13421235620	dingx@hq.com
0015	佳佳乐超市	华北	临时	七一路37号	郑卓	954201	13056568742	zhengz@163.com
0016	大洋家电	华北	签约	劳动路23号	许维	624001	13065547333	xwei@126.com
0017	冀中科技	西南	临时	光明东路395号	崔姜王	635400	13415644233	cqy@126.com
0018	正人企业	华北	临时	沉香街329号	白聚	466120	13945641266	baiy1@zr.com

图 3-46 手动设置完成后的工作表格式

任务 6　添加批注

批注是一种非常有用的提醒方式，它附加在单元格上，用于注释该单元格。一般来说批注都是显示提示、说明性的信息。

（1）插入批注。

① 选中 H5 单元格，单击【审阅】→【批注】→【新建批注】按钮，在 H5 单元格右

侧出现图 3-47 所示的批注框。

② 在批注框中输入"办公电话"。输入完毕，单击批注框外的任意单元格区域可退出批注编辑。添加批注的单元格右上角有红色的三角形批注标示符。

图 3-47　批注框

在批注框中，一般显示有用户名信息，如这里的"Administrator"。根据情况，我们可以删除该用户名。

若需修改批注中出现的用户名，可单击【文件】→【选项】命令，在打开的"Excel 选项"对话框的选择"常规"项，修改其中的用户名即可。

（2）显示批注。当需要查看批注信息时，只需将鼠标指针移到有批注标识符的单元格上，即可显示该单元格的批注信息。

（3）编辑批注。当需要编辑批注内容时，可用鼠标右键单击要编辑批注的单元格，从快捷菜单中选择"编辑批注"命令，出现批注框后即可进行编辑。

（4）删除批注。当不再需要对单元格进行批注时，可用鼠标右键单击有批注的单元格，从快捷菜单中选择"删除批注"命令，删除该批注。

任务7　**保护工作簿**

如果不希望工作簿的内容被其他人员使用或查看，可以给工作簿加上密码。例如，这里的客户信息是一个企业非常重要的资料，我们可对该工作簿进行加密处理，以防止工作簿文件被查看或编辑。

（1）选择【文件】→【另存为】命令，出现【另存为】对话框。

（2）单击【另存为】对话框中的【工具】按钮，从下拉列表中选择图 3-48 所示"常规选项"命令，打开图 3-49 所示的"常规选项"对话框。

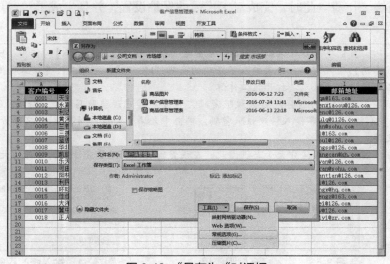

图 3-48　"另存为"对话框

（3）在"文件共享"下面有文本框"打开权限密码"和"修改权限密码"。其中，如果设置"打开权限密码"，则文件在打开时受到限制，可以防止文件被查看。这里，我们在"客户信息管理表"的"打开权限密码"文本框中输入密码"khxxgl"，在"修改权限密码"文本框中输入"12345"，为了安全，可勾选【生成备份文件】复选框，单击【确定】按钮。

（4）为了保证密码的正确性，Excel 将弹出图 3-50 所示"确认密码"对话框，让用户再输入一次密码，在"重新输入密码"文本框中输入打开密码"khxxgl"，单击【确定】按钮。

（5）此时弹出图 3-51 所示的"确认密码"对话框，在"重新输入修改权限密码"文本框中输入修改密码"12345"，单击【确定】按钮。

图 3-49　"常规选项"对话框

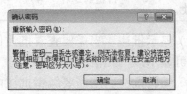
图 3-50　"确认打开密码"对话框

（6）输入完毕后，单击【确定】按钮，返回到"另存为"对话框。

（7）单击【保存】按钮。由于之前我们已对文件做过保存，因此，这里将出现图 3-52 所示的"确认另存为"提示框"客户信息管理表.xlsx 已经存在。要替换它吗？"单击【是】按钮，替换已有的工作簿。

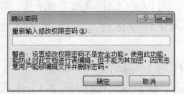
图 3-51　"确认修改密码"对话框

图 3-52　"确认另存为"提示框

（8）关闭该工作簿。此时，完成对工作簿的保护设置，并且生成了"客户信息管理表的备份.xlk"文件。

活力
小贴士

当我们下次打开该工作簿时，会出现一个打开权限的【密码】对话框，如图 3-53 所示。提示用户输入密码。如果输入了正确的密码"khxxgl"，就可以打开该工作簿；若输入了不正确的密码，将无法打开该工作簿。

如果同时也设置了"修改权限密码"，将进一步出现获取写权限"密码"的对话框，如图 3-54 所示。若不输入修改权限密码，单击【只读】按钮，则只能以"只读方式"打开工作簿文件。

注意：密码区分大小写。因此，在设置密码时一定要分清当前字母的大小写状态。

图 3-53　输入打开权限密码

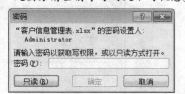
图 3-54　输入修改权限密码

3.10.5 项目小结

本项目通过制作“客户信息管理表”，主要介绍了数据记录单的使用、文本型数据的格式设置、利用“自动套用格式”简单快捷地设置工作表的格式，当然，在此基础上，我们可以结合手动方式进一步修饰工作表格式。此外，还学习了批注的插入、查看、编辑和删除操作，以及如何保护工作簿不被查看和修改。

3.10.6 拓展项目

1. 制作各地区客户数统计表（提示：使用 COUNTIF 函数）

各地区的客户数统计表如图 3-55 所示。

2. 统计各地区不同类型的客户数

各地区不同类型的客户数据表如图 3-56 所示。

各地区客户数统计表

地区	客户数
东北	2
华北	6
华东	3
华南	3
西北	1
西南	3

图 3-55 各地区客户数统计表

计数项:客户类别	客户类别		
地区	临时	签约	总计
东北	1	1	2
华北	2	4	6
华东	1	2	3
华南	2	1	3
西北		1	1
西南	2	1	3
总计	8	10	18

图 3-56 各地区不同类别的客户数

项目 11 商品促销管理

示例文件	原始文件：示例文件\素材文件\项目 11\商品促销管理.xlsx 效果文件：示例文件\效果文件\项目 11\商品促销管理.xlsx

3.11.1 项目背景

在日益激烈的市场竞争中，企业想要抢占更大的市场份额，争取更多的顾客，需要不断加强商品的销售管理，特别是新品上市，要树立品牌形象，这就使得商品促销管理显得尤为重要。在合适的时间和市场环境下运用合适的促销方式，对促销活动各环节的工作细致布置和执行决定了企业的促销效果。本项目以制作“商品促销管理”为例，介绍 Excel 在对促销经费预算、促销任务安排方面的应用。

3.11.2 项目效果

图 3-57 所示为促销费用预算表，图 3-58 所示为促销任务安排表。

类别	费用项目	成本或比例	数量／天	天数／次数	预算
					促销费用预算表
促销费用	免费派发公司样品的数量	3.65	100	7	2,555.00
	参与活动的消费者可以得到卡通扇一把	0.5	200	7	700.00
	购买产品获得公司小礼品	5	100	7	3,500.00
	商品降价金额	5%	3000	7	1,050.00
	小计				7,805.00
店内宣传标识	巨幅海报	400	1		400.00
	小型宣传单张	0.15	1000	7	1,050.00
	DM	1200	1		1,200.00
	小计				2,650.00
促销执行费用	聘用促销人员费用	80	2	7	1,120.00
	上缴卖场促销人员管理费	30	2	7	420.00
	其他可能发生的费用(赞助费／入场费等)	2000			2,000.00
	小计				3,540.00
其他费用	交通费				300.00
	赠品运输与管理费用				1,000.00
	小计				1,300.00
	总费用				15,295.00

图 3-57　促销费用预算表

促销任务安排表

	计划开始日	天数	计划结束日
促销计划立案	2016-7-21	2	2016-7-22
促销战略决定	2016-7-25	5	2016-7-29
采购、与卖家谈判	2016-7-30	2	2016-7-31
促销商品宣传设计与印制	2016-8-1	7	2016-8-7
促销准备与实施	2016-8-10	10	2016-8-19
成果评估	2016-8-20	2	2016-8-21

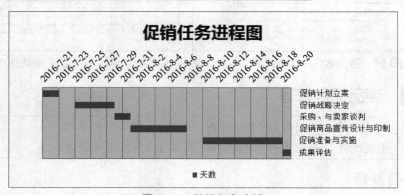

图 3-58　促销任务安排

3.11.3　知识与技能

- 创建工作簿、重命名工作表
- 设置数据格式
- 选择性粘贴
- SUM、SUMIF 和 DATEDIF 函数的应用
- 创建和编辑图表
- 打印图表

3.11.4　解决方案

任务 1　创建工作簿和重命名工作表

（1）启动 Excel 2010，新建一空白工作簿。

（2）将创建的工作簿以"商品促销管理"为名保存在"D:\公司文档\市场部"文件夹中。

（3）将 Sheet1 工作表重命名为"促销费用预算"。

任务 2　创建"促销费用预算表"

（1）输入表格标题。在"促销费用预算"工作表中，选中 A1:F1 单元格，设置"合并后居中"，并输入标题"促销费用预算表"。

（2）输入预算项目标题。分别在 A2:A3、A8、A12、A16 和 A19 单元格区域中输入各个字段的标题名称，并设置字体"加粗"，如图 3-59 所示。

（3）输入和复制各小计项标题。

① 选中 A7:B7 单元格区域，设置合并后居中，输入"小计"，并设置字体"加粗"。

② 选中 A7:B7 单元格区域，单击【开始】→【剪贴板】→【复制】按钮。

③ 按住【Ctrl】键，同时选中 A11、A15 和 A18 单元格，单击【开始】→【剪贴板】→【粘贴】按钮，将 A7:B7 单元格区域的内容和格式一起复制到以上选中的单元格区域内，如图 3-60 所示。

图 3-59　输入预算项目标题

图 3-60　输入和复制各小计项标题

（4）输入预算数据。参照图 3-61 所示，输入各项预算数据，并适当调整单元格的列宽。

	A	B	C	D	E	F
1			促销费用预算表			
2	类别	费用项目	成本或比例	数量／天	天数／次数	预算
3	促销费用	免费派发公司样品的数量	3.65	100	7	
4		参与活动的消费者可以得到卡通扇一把	0.5	200	7	
5		购买产品获得公司小礼品	5	100	7	
6		商品降价金额	0.05	3000	7	
7		小计				
8	店内宣传标识	巨幅海报	400	1		
9		小型宣传单张	0.15	1000	7	
10		DM	1200	1		
11		小计				
12	促销执行费用	聘用促销人员费用	80	2	7	
13		上缴卖场促销人员管理费	30	2	7	
14		其他可能发生的费用(赞助费/入场费等)	2000			
15		小计				
16	其他费用	交通费				
17		赠品运输与管理费用				
18		小计				
19	总费用					
20						

图 3-61　输入各项预算数据

（5）设置数据格式。

① 设置百分比格式。选中 C6 单元格，单击【开始】→【数字】→【百分比样式】按钮%。

② 设置数值格式。选中 F3:F19 单元格区域，单击【开始】→【数字】→【设置单元格格式：数字】按钮，打开"设置单元格格式"对话框，在"分类"列表中选择"数值"类型，在右侧设置"小数位数"为"2"，并勾选【使用千位分隔符】复选框，如图 3-62 所示。

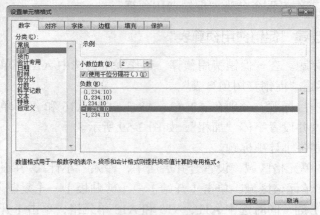

图 3-62 "设置单元格格式"对话框

任务 3　编制预算项目

（1）选中 F3 单元格，输入公式"=C3*D3*E3"，按【Enter】键确认。

（2）选择性粘贴。

① 选中 F3 单元格，按【Ctrl】+【C】组合键复制。

② 按住【Ctrl】键，同时选中 F4:F6、F9 和 F12:F13 单元格区域，单击【开始】→【剪贴板】→【粘贴】下拉按钮，从下拉菜单中选择【选择性粘贴】命令，打开图 3-63 所示的"选择性粘贴"对话框，选择【公式】单选按钮。

③ 单击【确定】按钮。

此时 F4:F6、F9 和 F12:F13 单元格区域都复制了与 F3 单元格相同的公式，如图 3-64 所示。

图 3-63 "选择性粘贴"对话框

	A	B	C	D	E	F	G
1			促销费用预算表				
2	类别	费用项目	成本或比例	数量／天	天数／次数	预算	
3	促销费用	免费派发公司样品的数量	3.65	100	7	2,555.00	
4		参与活动的消费者可以得到卡通扇一把	0.5	200	7	700.00	
5		购买产品获得公司小礼品	5	100	7	3,500.00	
6		商品降价金额	5%	3000	7	1,050.00	
7		小计					
8	店内宣传标识	巨幅海报	400	1			
9		小型宣传单张	0.15	1000	7	1,050.00	
10		DM	1200	1			
11		小计					
12	促销执行费用	聘用促销人员费用	80	2	7	1,120.00	
13		上缴卖场促销人员管理费	30	2	7	420.00	
14		其他可能发生的费用(赞助费/入场费等)	2000				
15		小计					
16	其他费用	交通费					
17		赠品运输与管理费用					
18		小计					
19	总费用						
20							

图 3-64　选择性粘贴"公式"的效果

活力
小贴士

移动或复制公式。

① 移动公式时，公式内的单元格引用不会发生改变。当复制公式时，单元格引用将根据所用的引用类型而发生变化。

② 移动公式时，引用的单元格使用绝对引用；复制公式引用的单元格则使用相对引用。

③ 若要复制公式和任何设置，则直接选择【粘贴】命令。

④ 若需粘贴选项，则可根据需要选择图 3-63 所示的其他单选按钮。

（3）编制其他预算项。

① 选中 F8 单元格，输入公式 "=C8*D8"，按【Enter】键确认。

② 选中 F10 单元格，输入公式 "=C10*D10"，按【Enter】键确认。

③ 选中 F14 单元格，输入公式 "=C14"，按【Enter】键确认。

④ 选中 F16:F17 单元格区域，分别输入 "300" 和 "1000"。

任务 4　编制预算 "小计"

（1）选中 F7 单元格，输入公式 "=SUM(F\$3:F6)-SUMIF(\$A\$3:\$A6,\$A7,F\$3:F6)*2"，按【Enter】键确认。

活力
小贴士

SUMIF 函数是 Microsoft Excel 中根据指定条件对若干单元格、区域或引用进行求和的一个函数。

语法：SUMIF(range,criteria,sum_range)

参数说明如下。

① range 为用于条件判断的单元格区域。每个区域中的单元格可以包含数字、数组、命名的区域或包含数字的引用。忽略空值和文本值。

② criteria 为用于确定哪些单元格求和的条件，其形式可以为数字、表达式、文本或单元格内容。例如，条件可以表示为 32、"32"、">32" 、"apples"或 A1。条件还可以使用通配符：问号 "?" 和星号 "*"，如需要求和的条件为第二个数字为 2 的，可表示为"?2*"，从而简化公式设置。

③ sum_range 是需要求和的实际单元格。当省略 sum_range 时，则条件区域就是实际求和区域。

（2）选中 F7 单元格，按【Ctrl】+【C】组合键复制公式。

（3）按住【Ctrl】键，同时选中 F11、F15 和 F18 单元格。

（4）按【Ctrl】+【V】组合键粘贴公式。

活力
小贴士

① 公式 "=SUM(F\$3:F6)-SUMIF(\$A\$3:\$A6,\$A7,F\$3:F6)*2" 表示指定 SUMIF 函数从 A3:A6 单元格区域中，查找是否有等于 A7 单元格 "小计" 的记录，并对 F 列中同一行相应的单元格的值进行汇总，因为不等于 "小计"，所以 SUMIF 函数值为 0。F7 单元格等于 F3:F6 单元格区域之和。

② 公式 "=SUM(F\$3:F10)-SUMIF(\$A\$3:\$A10,\$A11,F\$3:F10)*2" 表示指定 SUMIF 函数从 A3:A10 单元格区域中，查找是否有等于 A11 单元格 "小计" 的记录，并对 F 列中同一行相应的单元格的值进行汇总，因为 A7 单元格等于 "小计"，所以 SUMIF 函数计算 F3:F10 单元格区域中 F7 单元格之和。F11 单元格等于 F3:F10 单元格区域之和减去 2 倍的 F7 单元格的值，即为 F8:F10 单元格区域之和。

③ 公式 "=SUM(F\$3:F14)-SUMIF(\$A\$3:\$A14,\$A15,F\$3:F14)*2" 表示指定 SUMIF 函数从 A3:A14 单元格区域中，查找是否有等于 A15 单元格 "小计" 的记录，并对 F 列中同一行相应的单元格的值进行汇总，因为 A7 和 A11 单元格等于 "小计"，所以 SUMIF 函数计算

F3:F14 单元格区域中 F7 和 F11 单元格之和。F15 单元格等于 F3:F14 单元格区域之和减去 2 倍的 F7 和 F11 单元格之和的值，即为 F12:F14 单元格区域之和。

④ 公式"=SUM(F$3:F17)-SUMIF($A$3:$A17,$A18,F$3:F17)*2"表示指定 SUMIF 函数从 A3:A17 单元格区域中，查找是否有等于 A18 单元格"小计"的记录，并对 F 列中同一行相应的单元格的值进行汇总，因为 A7、A11 和 A15 单元格等于"小计"，所以 SUMIF 函数计算 F3:F17 单元格区域中 F7、F11 和 F15 单元格之和。则 F18 单元格等于 F3:F17 单元格区域之和减去 2 倍的 F7、F11 和 F15 单元格之和的值，即为 F16:F17 单元格区域之和。

任务 5　统计"总费用"

（1）选中 F19 单元格。

（2）输入公式"=SUM(F3:F18)/2"，按【Enter】键确认。

任务 6　美化"促销费用预算表"

（1）设置表格标题字体为"华文隶书"、字号为"22"、行高为 42。

（2）设置表格列标题字体为"华文中宋"、字号为"12"、加粗、白色字体，居中对齐，并填充"深色，文字 2，淡色 60%"的底纹。

（3）分别对各类别标题进行合并后居中设置。

（4）为各"小计"行和"总费用"行添加"水绿色，强调文字颜色 5，淡色 80%"的底纹，并设置行高为 19。

（5）为表格添加主题颜色为"蓝色，强调文字颜色 1"的内外边框线。

（6）设置各明细行的行高为 16.5。

（7）取消"编辑栏"和"网格线"的显示。

任务 7　创建"促销任务安排表"

（1）将"商品促销管理"工作簿的 Sheet2 工作表重命名为"促销任务安排"。

（2）输入表格标题。选中 A1:D1 单元格区域，设置"合并后居中"，输入表格标题"促销任务安排表"，设置字体为"黑体"、加粗、字号为"14"。

（3）输入表格内容。

① 在 B2:D2 和 A3:A8 单元格区域中输入字段标题和促销任务名称，并适当调整表格列宽，如图 3-65 所示。

② 在 B3:B8 和 D3:D8 单元格区域中输入图 3-66 所示的表格内容。

图 3-65　"促销任务安排表"框架　　　　图 3-66　"促销任务安排表"内容

（4）计算"天数"。

① 选中 C3 单元格，输入公式"=DATEDIF(B3,D3+1,"d")"，按【Enter】键确认。

② 选中 C3 单元格，拖曳右下角的填充柄至 C8 单元格，将公式复制到 C4:C8 单元格区域。

**活力
小贴士**

DATEDIF 函数是 Excel 中的隐藏函数，在帮助和插入公式里面都没有，但却用途广泛，用于返回两个日期之间的年\月\日间隔数。常使用 DATEDIF 函数计算两日期之间的天数、月数和年数。

语法：DATEDIF(start_date,end_date,unit)

参数说明如下。

① start_date 为一个日期，它代表时间段内的第一个日期或起始日期。

② end_date 为一个日期，它代表时间段内的最后一个日期或结束日期。

③ unit 为所需信息的返回类型。

注：结束日期必须大于起始日期。

假如 A1 单元格写的也是一个日期，那么下面的三个公式可以计算出 A1 单元格的日期和今天的时间差，分别是年数差、月数差、天数差。注意下面公式中的引号和逗号括号都是在英文状态下输入的。

=DATEDIF(A1,TODAY(),"Y")计算年数差

=DATEDIF(A1,TODAY(),"M")计算月数差

=DATEDIF(A1,TODAY(),"D")计算天数差

"Y"为时间段中的整年数。

"M"为时间段中的整月数。

"D"为时间段中的天数。

（5）美化工作表。

① 设置表格 A2:D2 和 A3:A8 单元格区域中的字体加粗，并添加"白色，背景 1，深色 15%"的填充色。

② 设置表格 B3:D8 单元格区域的内容居中对齐。

③ 适当调整表格的行高和列宽。

④ 添加表格框线。

效果如图 3-67 所示。

促销任务安排表			
	计划开始日	天数	计划结束日
促销计划立案	2016-7-21	2	2016-7-22
促销战略决定	2016-7-25	5	2016-7-29
采购、与卖家谈判	2016-7-30	2	2016-7-31
促销商品宣传设计与印制	2016-8-1	7	2016-8-7
促销准备与实施	2016-8-10	10	2016-8-19
成果评估	2016-8-20	2	2016-8-21

图 3-67 "促销任务安排表"效果

任务 8 绘制"促销任务进程图"

（1）插入堆积条形图。

① 选中 A2:D8 单元格区域。

② 单击【插入】→【图表】→【条形图】按钮，在打开的下拉菜单中选择图 3-68 所示的"二维条形图"中的"堆积条形图"，在工作表中生成图 3-69 所示的堆积条形图。

（2）调整图表位置。

① 单击选中图表。

② 按住鼠标左键不放，将堆积条形图拖曳至数据表下方。

（3）设置数据系列格式。

① 选中生成的图表。

图 3-68 "条形图"下拉菜单

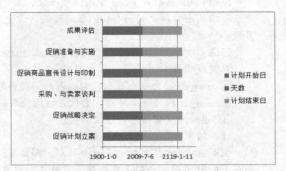

图 3-69 生成的堆积条形图

② 单击【图表工具】→【布局】→【当前所选内容】→【图表元素】下拉按钮，从打开的下拉列表中选择【系列"计划开始日"】选项，如图 3-70 所示。

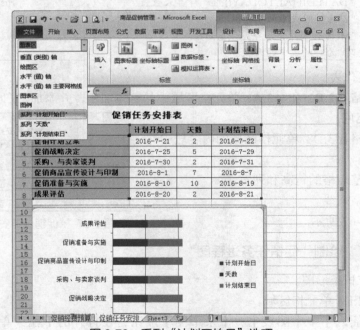

图 3-70 系列"计划开始日"选项

③ 再单击【设置所选内容】命令按钮，打开"设置数据系列格式"对话框。

④ 切换到"填充"选项，单击【无填充】单选按钮，如图 3-71 所示。不要单击【关闭】按钮。

⑤ 单击图表中第二个表示"计划结束日"的系列，此时"设置数据系列格式"对话框将要设置的是"计划结束日"系列格式。

⑥ 在"设置数据系列格式"对话框中，切换到"填充"选项，单击【无填充】单选按钮，单击【关闭】按钮。

（4）调整纵坐标轴格式。

① 单击【图表工具】→【布局】→【坐标轴】→【主要纵坐标轴】→【其他主要纵坐标轴】，打开"设置坐标轴格式"对话框。

② 单击左侧列表中的"坐标轴选项"，勾选右侧的【逆序类别】复选框，如图 3-72 所示。

图 3-71 "设置数据系列格式"对话框　　　　图 3-72 设置纵坐标轴格式

③ 单击【关闭】按钮。

（5）调整横坐标轴格式。

① 用鼠标右键单击横坐标，在弹出的快捷菜单中选择【设置坐标轴格式】命令，打开"设置坐标轴格式"对话框。

② 单击左侧列表中的"坐标轴选项"，在右侧的"坐标轴选项"下方的"最小值""最大值"和"主要刻度单位"右侧分别单击【固定】单选按钮，并在对应文本框中分别输入"42572""42603"和"2"。在最下方的"纵坐标轴交叉"栏中单击【最大坐标轴值】单选按钮，如图 3-73 所示。

图 3-73 设置横坐标轴格式

设置横坐标轴刻度。

在设置横坐标轴刻度时，这些值是一系列数字，代表水平轴上用到的日期。最小值 42572 表示的日期是 2016-7-21，最大值 42603 表示的日期是 2016-8-20。主要刻度单位 2 表示两天。要查看日期的序列号，请在单元格中输入日期 2016-7-21，然后应用"常规"数字格式设置该单元格的格式，即可得到 42572。

**活力
小贴士**

③ 单击左侧列表中的"对齐方式"选项，在右侧的"自定义角度"文本框中输入"–45°"，单击【关闭】按钮。

（6）放大图表。单击选中图表的绘图区，将鼠标指针移到绘图区四个顶点中的任意一个之上，向外拖曳即可放大。

（7）设置布局方式。单击【图表工具】→【设计】→【图表布局】→【布局 3】样式，图表布局调整如图 3-74 所示。

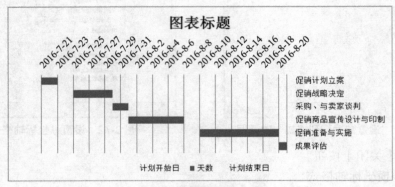

图 3-74　设置布局方式

（8）删除图例中的"计划开始日"和"计划结束日"两个系列。

① 选中图例，单击"计划开始日"系列，按【Delete】键删除选中的系列。

② 使用同样的方式，删除图例中的"计划结束日"系列。

（9）编辑图表标题。

① 拖动鼠标选中"图表标题"文本，将图表标题修改为"促销任务进程图"。

② 设置图表标题字体为"微软雅黑"、字号为"20"。

（10）设置绘图区格式。

① 单击【图表工具】→【布局】→【当前所选内容】→【图表元素】下拉按钮，从打开的下拉列表中选择"绘图区"选项，打开"设置绘图区格式"对话框。

② 在左侧的列表中选择"填充"选项，单击右侧的【纯色填充】单选按钮，此时在下方展开的"填充颜色"中的"颜色"和"透明度"两个选项。

③ 单击【颜色】右侧的下拉按钮，在打开的颜色面板中选择"白色,背景 1，深色 15%"，如图 3-75 所示。

图 3-75　设置绘图区填充色

④ 在左侧切换到"边框颜色"选项，在右侧单击【实线】单选按钮。然后单击【关闭】按钮。

（11）设置数据系列格式。

① 用鼠标右键单击图例中的"天数"，从弹出的快捷菜单中选择【设置数据系列格式】命令，打开"设置数据系列格式"对话框。

② 在左侧的列表中选择"填充"选项，单击右侧的【纯色填充】单选按钮。

③ 单击【颜色】右侧的下拉按钮，在打开的颜色面板中选择"其他颜色"，打开"颜色"对话框。

④ 在"标准色"选项卡中，选择需要的颜色。

⑤ 单击【关闭】按钮。

（12）美化工作表。取消"编辑栏"和"网格线"的显示。

（13）打印预览图表。

① 单击选中图表。

② 选择【文件】→【打印】命令，出现图 3-76 所示的打印预览视图。

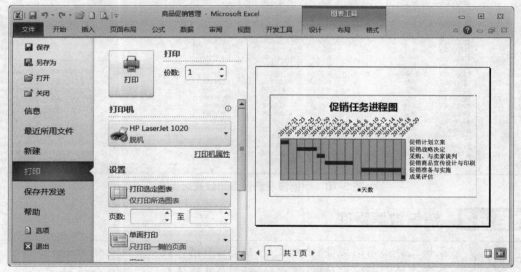

图 3-76　图表打印预览视图

3.11.5　项目小结

本项目主要通过创建"促销费用预算表"和"促销任务安排表"，介绍了工作簿和工作表的管理、设置数据格式、选择性粘贴；使用函数 SUM、SUMIF 和 DATEDIF 实现数据的统计和处理；通过创建、编辑和美化图表，使数据表中的数据更直观地呈现出来。最后，通过打印图表，实现在打印预览视图下观察生成的图表。

3.11.6　拓展项目

1. 制作促销活动各项预算统计图

图 3-77 所示为促销活动各项预算统计图。

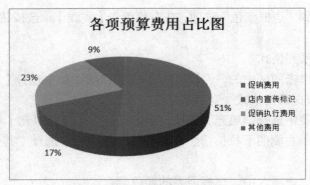

图 3-77　促销活动各项预算统计图

2.　制作促销情况统计表和各负责人所销售产品的数据透视表表

图 3-78 所示为促销情况统计表和数据透视表。

序号	产品型号	业务员	销售量	单价	销售金额		产品型号	白瑞林	方艳芸	李陵	夏蓝	杨立	张勇	总计
1	D20001001	杨立	14	¥259.00	¥3,626.00		C10001001				10800			¥10,800
2	C10001002	白瑞林	12	¥1,999.00	¥23,988.00		C10001002	23988						¥23,988
3	C10001003	杨立	7	¥1,999.00	¥13,993.00		C10001003					13993		¥13,993
4	D30001001	夏蓝	6	¥480.00	¥2,880.00		D10001001						7328	¥7,328
5	V10001001	方艳芸	6	¥168.00	¥1,008.00		D20001001					3626		¥3,626
6	C10001001	夏蓝	8	¥1,350.00	¥10,800.00		D30001001				2880			¥2,880
7	D10001001	张勇	16	¥458.00	¥7,328.00		LCD001001						6480	¥6,480
8	R10001001	方艳芸	31	¥210.00	¥6,510.00		LCD002002			16632				¥16,632
9	U20001001	夏蓝	26	¥128.00	¥3,328.00		LCD003003					16416		¥16,416
10	V20001002	白瑞林	8	¥125.00	¥1,000.00		M10001004			19160				¥19,160
11	R20001001	李陵	25	¥216.00	¥5,400.00		M10001005		8442					¥8,442
12	V30001001	夏蓝	8	¥109.00	¥872.00		M10001006			11504				¥11,504
13	U20001002	杨立	21	¥85.00	¥1,785.00		R10001002		6510					¥6,510
14	M10001004	李陵	20	¥958.00	¥19,160.00		R20001001			5400				¥5,400
15	R30001001	张勇	18	¥120.00	¥2,160.00		R30001001						2160	¥2,160
16	M10001006	李陵	8	¥1,438.00	¥11,504.00		U20001001				3328			¥3,328
17	LCD003003	杨立	9	¥1,824.00	¥16,416.00		U20001002					1785		¥1,785
18	U20001003	白瑞林	18	¥58.00	¥1,044.00		U20001003	1044						¥1,044
19	M10001005	方艳芸	9	¥938.00	¥8,442.00		V10001001		1008					¥1,008
20	LCD001001	张勇	6	¥1,080.00	¥6,480.00		V20001002	1000						¥1,000
21	LCD002002	李陵	14	¥1,188.00	¥16,632.00		V30001001				872			¥872
							总计	¥26,032	¥15,960	¥52,696	¥17,880	¥35,820	¥15,968	¥164,356

图 3-78　促销情况统计表和数据透视表

项目 12　销售数据管理

示例文件	原始文件：示例文件\素材文件\项目 12\销售数据管理与分析.xlsx
	效果文件：示例文件\效果文件\项目 12\销售数据管理与分析.xlsx

3.12.1　项目背景

　　在企业日常经营运转中，随时要注意公司产品的销售情况，了解各种产品的市场需求量以及生产计划，并分析地区性差异等各种因素，为公司领导者制定政策和决策提供依据。将这些数据制作成图表，就可以直观地表达出所要说明的数据变化和差异。当数据以图形方式显示在图表中时，图表应与对应的数据相链接，当更新工作表数据时，图表也会随之更新。本项目以"商品销售数据分析"为例，介绍 Excel 的分类汇总、图表、数据透视表在销售数据管理和分析方面的应用。

3.12.2　项目效果

　　图 3-79 所示为销售统计图，图 3-80 所示为销售数据透视表。

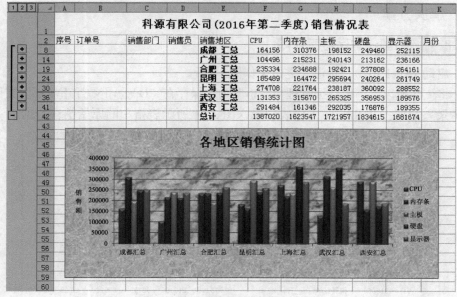

序号	订单号	销售部门	销售员	销售地区	CPU	内存条	主板	硬盘	显示器	月份
				成都 汇总	164156	310376	198152	249460	252115	
				广州 汇总	104496	215231	240143	213162	236166	
				合肥 汇总	235334	234688	192421	237808	264161	
				昆明 汇总	185489	164472	295694	240264	261749	
				上海 汇总	274708	221764	238187	360092	288552	
				武汉 汇总	131353	315670	265325	356953	189576	
				西安 汇总	291484	161346	292035	176876	189355	
				总计	1387020	1623547	1721957	1834615	1681674	

图 3-79 销售统计图

	月份			
地区	04月	05月	06月	总计
成都				
求和项:CPU	61962	17723	84471	164156
求和项:内存条	114500	56595	139281	310376
求和项:主板	100622	22205	75325	198152
求和项:硬盘	44421	67495	137544	249460
求和项:显示器	118781	81653	51681	252115
上海				
求和项:CPU	91215	96637	86856	274708
求和项:内存条	93284	23486	104994	221764
求和项:主板	105231	15642	117314	238187
求和项:硬盘	159544	74709	125839	360092
求和项:显示器	135211	68262	85079	288552
求和项:CPU汇总	**153177**	**114360**	**171327**	**438864**
求和项:内存条汇总	**207784**	**80081**	**244275**	**532140**
求和项:主板汇总	**205853**	**37847**	**192639**	**436339**
求和项:硬盘汇总	**203965**	**142204**	**263383**	**609552**
求和项:显示器汇总	**253992**	**149915**	**136760**	**540667**

图 3-80 销售数据透视表

3.12.3 知识与技能

- 创建工作簿、重命名工作表
- 数据的输入
- 复制工作表
- MID 函数的应用
- 分类汇总
- 创建图表
- 修改和美化图表
- 数据透视表

3.12.4 解决方案

任务 1 创建并保存工作簿

（1）启动 Excel 2010，新建一空白工作簿。

（2）将工作簿以"销售数据管理与分析"为名保存在"D:\公司文档\市场部"文件夹中。

（3）录入数据。在 Sheet1 工作表中录入图 3-81 所示表格中的原始销售数据。

	A	B	C	D	E	F	G	H	I	J	K
1	科源有限公司(2016年第二季度)销售情况表										
2	序号	订单号	销售部门	销售员	销售地区	CPU	内存条	主板	硬盘	显示器	月份
3	1	2016040001	销售1部	张松	成都	8288	51425	66768	18710	26460	
4	2	2016040002	销售1部	李新亿	上海	19517	16259	91087	62174	42220	
5	3	2016040003	销售2部	王小伟	武汉	13566	96282	49822	80014	31638	
6	4	2016040004	销售2部	赵强	广州	12474	8709	52583	18693	22202	
7	5	2016040005	销售3部	孙超	合肥	68085	49889	59881	79999	41097	
8	6	2016040006	销售3部	周成武	西安	77420	73538	34385	64609	99737	
9	7	2016040007	销售4部	郑卫西	昆明	42071	19167	99404	99602	88099	
10	8	2016040008	销售1部	张松	成都	53674	63075	33854	25711	92321	
11	9	2016040009	销售1部	李新亿	上海	71698	77025	14144	97370	92991	
12	10	2016040010	销售2部	王小伟	武汉	29359	53482	3907	99350	4495	
13	11	2016040011	销售2部	赵强	广州	8410	29393	31751	14572	83571	
14	12	2016050001	销售3部	孙超	合肥	51706	38997	56071	32459	89328	
15	13	2016050002	销售3部	周成武	西安	65202	1809	66804	33340	35765	
16	14	2016050003	销售4部	郑卫西	昆明	57326	21219	92793	63128	71520	
17	15	2016050004	销售1部	张松	成都	17723	56595	22205	67495	81653	
18	16	2016050005	销售1部	李新亿	上海	96637	23486	15642	74709	68262	
19	17	2016050006	销售2部	王小伟	武汉	16824	67552	86777	66796	45230	
20	18	2016050007	销售2部	赵强	广州	31245	63061	74979	45847	63020	
21	19	2016050008	销售3部	孙超	合肥	70349	54034	70650	42594	78449	
22	20	2016050009	销售3部	周成武	西安	75798	35302	95066	77020	10116	
23	21	2016060001	销售4部	郑卫西	昆明	72076	76589	95283	45520	11737	
24	22	2016060002	销售1部	张松	成都	59656	82279	68639	91543	45355	
25	23	2016060003	销售1部	李新亿	上海	27160	75187	73733	38040	39247	
26	24	2016060004	销售2部	王小伟	武汉	966	25580	69084	13143	68285	
27	25	2016060005	销售2部	赵强	广州	4732	59736	71129	47832	36725	
28	26	2016060006	销售3部	孙超	合肥	45194	91768	5819	82756	55287	
29	27	2016060007	销售3部	周成武	西安	73064	50697	95780	1907	43737	
30	28	2016060008	销售4部	郑卫西	昆明	14016	47497	8214	32014	90393	
31	29	2016060009	销售1部	张松	成都	24815	57002	6686	46001	6326	
32	30	2016060010	销售1部	李新亿	上海	59696	29807	43581	87799	45832	
33	31	2016060011	销售2部	王小伟	武汉	70638	72774	55735	97650	39928	
34	32	2016060012	销售3部	孙超	广州	47635	54332	9701	86218	30648	

图 3-81 原始销售数据

（4）由"订单号"提取"月份"数据。

由于表中"订单号"的 1～4 位表示年份、5～6 位表示月份、7～10 位为当月的订单序号，因此，这里的"月份"可通过 MID 函数来进行提取，而不必手工输入。

**活力
小贴士**

MID 函数用于返回从文本字符串中指定位置开始的特定数目的字符。

语法：MID(text, start_num, num_chars)

参数说明如下。

① text 必需。为要提取字符的文本字符串。

② start_num 必需。文本中要提取的第一个字符的位置。文本中第一个字符的 start_num 为 1，依此类推。

③ num_chars 必需。指定希望 MID 从文本中返回字符的个数。

① 选中 K3 单元格。

② 单击【公式】→【函数库】→【文本】按钮，打开文本函数列表，选择 MID 函数，打开"函数参数"对话框。

③ 按图 3-82 所示设置函数参数。

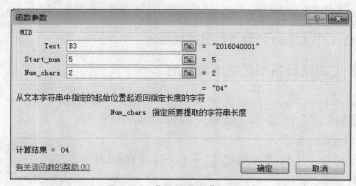

图 3-82　"函数参数"对话框

④ 单击【确定】按钮，获得所需的月份值 "04"。此时，可见编辑栏中的公式为 "=MID(B3,5,2)"。

⑤ 在编辑栏中进一步编辑公式，将其修改为：=MID(B3,5,2)&"月"，并按【Enter】键确认，得到月份为 "04 月"。

⑥ 选中 K3 单元格，拖动其填充句柄至 K34 单元格，获取所有的月份数据，如图 3-83 所示。

	A	B	C	D	E	F	G	H	I	J	K
1	科源有限公司(2016年第二季度)销售情况表										
2	序号	订单号	销售部门	销售员	销售地区	CPU	内存条	主板	硬盘	显示器	月份
3	1	2016040001	销售1部	张松	成都	8288	51425	66768	18710	26460	04月
4	2	2016040002	销售1部	李新亿	上海	19517	16259	91087	62174	42220	04月
5	3	2016040003	销售2部	王小伟	武汉	13666	96282	49822	80014	31638	04月
6	4	2016040004	销售2部	赵强	广州	12474	8709	52583	18693	22202	04月
7	5	2016040005	销售3部	孙超	合肥	68085	49889	59881	79999	41097	04月
8	6	2016040006	销售3部	周成武	西安	77420	73538	34385	64609	99737	04月
9	7	2016040007	销售4部	郑卫西	昆明	42071	19167	99404	99602	88099	04月
10	8	2016040008	销售1部	张松	成都	53674	63075	33854	25711	92321	04月
11	9	2016040009	销售1部	李新亿	上海	71698	77025	14144	97370	92991	04月
12	10	2016040010	销售2部	王小伟	武汉	29359	53482	3907	99350	4495	04月
13	11	2016040011	销售2部	赵强	广州	8410	29393	31751	14572	83571	04月
14	12	2016050001	销售3部	孙超	合肥	51706	38997	56071	32459	89328	05月
15	13	2016050002	销售3部	周成武	西安	65202	1809	66804	33340	35765	05月
16	14	2016050003	销售4部	郑卫西	昆明	57326	21219	92793	63128	71520	05月
17	15	2016050004	销售1部	张松	成都	17723	56595	22205	67495	81653	05月
18	16	2016050005	销售1部	李新亿	上海	96637	23486	15642	74709	68262	05月
19	17	2016050006	销售2部	王小伟	武汉	16824	67552	86777	66796	45230	05月
20	18	2016050007	销售2部	赵强	广州	31245	63061	74979	45847	63020	05月
21	19	2016050008	销售3部	孙超	合肥	70349	54034	70650	42594	78449	05月
22	20	2016050009	销售3部	周成武	西安	75798	35302	95066	77020	10116	05月
23	21	2016060001	销售4部	郑卫西	昆明	72076	76589	95283	45520	11737	06月
24	22	2016060002	销售1部	张松	成都	59656	82279	68639	91543	45355	06月
25	23	2016060003	销售1部	李新亿	上海	27160	75187	73733	38040	39247	06月
26	24	2016060004	销售2部	王小伟	武汉	966	25580	69084	13143	68285	06月
27	25	2016060005	销售2部	赵强	广州	4732	59736	71129	47832	36725	06月
28	26	2016060006	销售3部	孙超	合肥	45194	91768	5819	82756	55287	06月
29	27	2016060007	销售3部	周成武	西安	73064	50697	95780	1907	43737	06月
30	28	2016060008	销售4部	郑卫西	昆明	14016	47497	8214	32014	90393	06月
31	29	2016060009	销售1部	张松	成都	24815	57002	6686	46001	6326	06月
32	30	2016060010	销售1部	李新亿	上海	59696	29807	43581	87799	45832	06月
33	31	2016060011	销售2部	王小伟	武汉	70638	72774	55735	97650	39928	06月
34	32	2016060012	销售3部	孙超	广州	47635	54332	9701	86218	30648	06月

图 3-83　由"订单号"提取"月份"数据

（5）将表格标题设置为宋体、16 磅、加粗、跨列居中。

任务 2　复制并重命名工作表

（1）将 Sheet1 工作表重命名为"销售原始数据"，再将其复制 1 份。

（2）将复制的工作表重命名为"分类汇总"。

（3）将 Sheet2 工作表重命名为"数据透视表"。

任务 3 汇总统计各地区的销售数据

（1）按"销售地区"排序。

① 选定"分类汇总"工作表，选中"销售地区"所在列中有数据的任一单元格。

② 单击【数据】→【排序和筛选】→【升序】按钮↓↓，对销售地区按升序进行排序。

（2）分类汇总。

① 单击【数据】→【分级显示】→【分类汇总】按钮，打开"分类汇总"对话框。

② 在对话框中选择"分类字段"为"销售地区"，"汇总方式"为"求和"，选定汇总项为 CPU、内存条、主板、硬盘、显示器，如图 3-84 所示。

③ 单击【确定】按钮，生成图 3-85 所示的分类汇总表。

图 3-84 "分类汇总"对话框

		A	B	C	D	E	F	G	H	I	J	K
		1				科源有限公司（2016年第二季度）销售情况表						
		2	序号	订单号	销售部门	销售员	销售地区	CPU	内存条	主板	硬盘	显示器	月份
		3	1	2016040001	销售1部	张松	成都	8288	51425	66768	18710	26460	04月
		4	8	2016040008	销售1部	张松	成都	53874	63075	33854	25711	92321	04月
		5	15	2016050004	销售1部	张松	成都	17723	58595	22205	67495	81653	05月
		6	22	2016060002	销售1部	张松	成都	59656	82279	66639	91543	45355	06月
		7	29	2016060009	销售1部	张松	成都	24815	57002	6686	46001	6326	06月
		8					成都 汇总	164156	310376	198152	249460	252115	
		9	4	2016040004	销售2部	赵强	广州	12474	8709	52583	18693	22202	04月
		10	11	2016040011	销售2部	赵强	广州	8410	29393	31751	14572	83571	04月
		11	18	2016050007	销售2部	赵强	广州	31245	63061	74979	45847	63020	05月
		12	25	2016060005	销售2部	赵强	广州	4732	59736	71129	47832	36725	06月
		13	32	2016060012	销售3部	孙超	广州	47635	54332	9701	86218	30648	06月
		14					广州 汇总	104496	215231	240143	213162	236166	
		15	5	2016040005	销售3部	孙超	合肥	68085	49889	59881	79999	41097	04月
		16	12	2016050001	销售3部	孙超	合肥	51706	38997	56071	32459	89328	05月
		17	19	2016050008	销售3部	孙超	合肥	70349	54034	70650	42594	78449	05月
		18	26	2016060006	销售3部	孙超	合肥	45194	91768	5819	82756	55287	06月
		19					合肥 汇总	235334	234688	192421	237808	264161	
		20	7	2016040007	销售4部	郑卫西	昆明	42071	19167	99404	99602	88099	04月
		21	14	2016050003	销售4部	郑卫西	昆明	57326	21219	92793	63128	71520	05月
		22	21	2016060001	销售4部	郑卫西	昆明	72076	76589	95283	45520	11737	06月
		23	28	2016060008	销售4部	郑卫西	昆明	14016	47497	8214	32014	90393	06月
		24					昆明 汇总	185489	164472	295694	240264	261749	
		25	2	2016040002	销售1部	李新亿	上海	19517	16259	91087	62174	42220	04月
		26	9	2016040009	销售1部	李新亿	上海	71698	77025	14144	97370	92991	04月
		27	16	2016050005	销售1部	李新亿	上海	96637	23486	15642	74709	68262	05月
		28	23	2016060003	销售1部	李新亿	上海	27160	75187	73733	38040	39247	06月
		29	30	2016060010	销售1部	李新亿	上海	59696	29807	43581	87799	45832	06月
		30					上海 汇总	274708	221764	238187	360092	288552	
		31	3	2016040003	销售2部	王小伟	武汉	13566	96282	49822	80014	31638	04月
		32	10	2016040010	销售2部	王小伟	武汉	29359	53482	3907	99350	4495	04月
		33	17	2016050006	销售2部	王小伟	武汉	16824	67552	86777	66796	45230	05月
		34	24	2016060004	销售2部	王小伟	武汉	966	25580	69084	13143	68285	06月
		35	31	2016060011	销售2部	王小伟	武汉	70638	72774	55735	97650	39928	06月
		36					武汉 汇总	131353	315670	265325	356953	189576	
		37	6	2016040006	销售3部	周成武	西安	77420	73538	34385	64609	99737	04月
		38	13	2016050002	销售3部	周成武	西安	65202	1809	66804	33340	35765	05月
		39	20	2016050009	销售3部	周成武	西安	75798	35302	95066	77020	10116	05月
		40	27	2016060007	销售3部	周成武	西安	73064	50697	95780	1907	43737	06月
		41					西安 汇总	291484	161346	292035	176876	189355	
		42					总计	1387020	1623547	1721957	1834615	1681674	

图 3-85 分类汇总表

④ 在出现的汇总数据表格中，选择显示 2 级汇总数据，得到图 3-86 所示的效果。

图 3-86 显示 2 级汇总数据

任务4 创建图表

（1）利用分类汇总结果制作图表。在分类汇总 2 级数据表中，选择要创建图表的数据区域 E2:J41，即只选择了汇总数据所在区域，如图 3-87 所示。

图 3-87 选定图表区域

（2）单击【插入】→【图表】→【折线图】按钮，打开图 3-88 所示的"折线图"下拉列表，选择"二维折线图"中的"带数据标记的折线图"类型，生成图 3-89 所示的图表。

图 3-88 "折线图"下拉列表

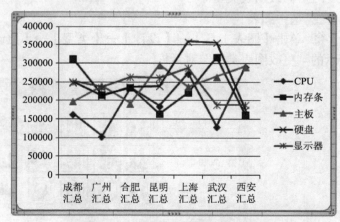

图 3-89 生成带数据标记的折线图

活力小贴士

① 在创建图表之前，由于已经选定了数据区域，图表中将反映出该区域的数据。如果想改变图表的数据来源，可单击【图表工具】→【设计】→【数据】→【选择数据】按钮，打开图 3-90 所示的"选择数据源"对话框，在其中编辑数据源即可。

② 若要修改图表中的数据，则选中图表，单击【图表工具】→【设计】→【数据】→【切换行/列】按钮，将 x 轴和 y 轴上的数据进行交换，如图 3-91 所示。

图 3-90 "选择数据源" 对话框

③ 默认情况下，生成的图表是位于所选数据的工作表中的，可根据实际需要，选择【图表工具】→【设计】→【位置】→【移动图表】选项，打开图 3-92 所示的 "移动图表" 对话框，则可将图表作为新的工作表进行操作。

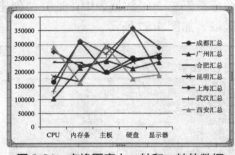

图 3-91 交换图表上 x 轴和 y 轴的数据

图 3-92 "移动图表" 对话框

任务 5 修改图表

（1）修改图表类型。

① 选中图表。

② 单击【图表工具】→【设计】→【类型】→【更改图表类型】按钮，打开图 3-93 所示的 "更改图表类型" 对话框。

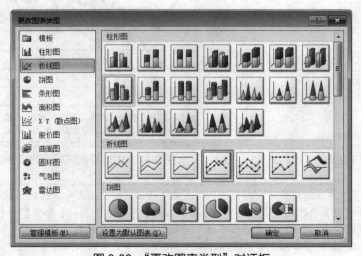

图 3-93 "更改图表类型" 对话框

③选择"柱形图"中的"簇状柱形图",再单击【确定】按钮,将图表修改为图 3-94 所示的簇状柱形图。

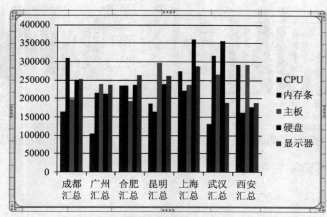

图 3-94 将图表类型修改为簇状柱形图

(2)修改图标样式。

单击【图表工具】→【设计】→【图表样式】→【其他】按钮,显示图 3-95 所示的图表样式列表,选择"样式 26"。

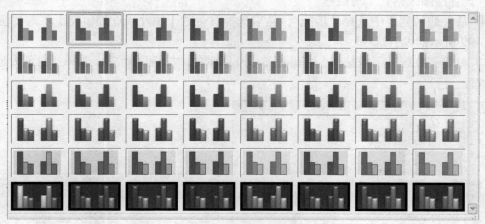

图 3-95 图表样式列表

(3)添加图表标题。

单击【图表工具】→【布局】→【标签】→【图表标题】按钮,打开图 3-96 所示的"图表标题"菜单,选择"图表上方"选项,在图标上方添加"图表标题"占位符,如图 3-97 所示。输入图表标题"各地区销售统计图"。

(4)添加坐标轴标题。

选择【图表工具】→【布局】→【标签】→【坐标轴标题】选项,分别添加主要横坐标轴标题"地区"和主要纵坐标轴标题"销售额",如图 3-98 所示。

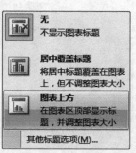

图 3-96 "图表标题"菜单

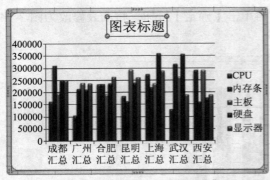

图 3-97　在图标上方添加"图表标题"占位符

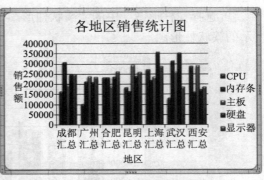

图 3-98　添加坐标轴标题

任务 6　设置图表格式

（1）设置"绘图区"格式。

① 选中图表。

② 单击【图表工具】→【格式】→【当前所选内容】→【图表元素】下拉按钮，从列表中选择"绘图区"。

③ 单击【图表工具】→【格式】→【当前所选内容】→【设置所选内容格式】按钮，打开"设置绘图区格式"对话框。

④ 从左侧的列表中选择"填充"，然后选择右侧的【图片或纹理填充】单选按钮，展开图 3-99 所示的设置选项。

⑤ 单击"纹理"下拉按钮，打开图 3-100 所示的"纹理"列表，选择"白色大理石"填充纹理。

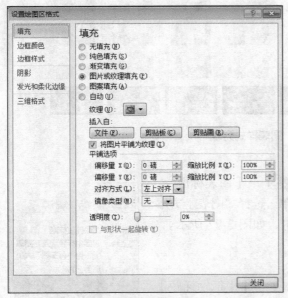

图 3-99　"设置绘图区格式"对话框

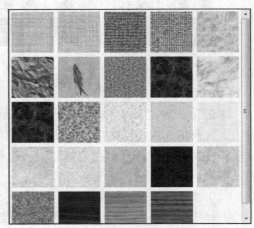

图 3-100　设置"填充纹理"

（2）设置"图表区"格式。

① 使用类似的方法，选择"图表区"，设置其填充纹理为"蓝色面巾纸"。

② 适当调整图表大小，效果如图 3-101 所示。

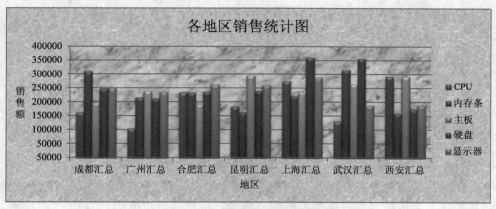

图 3-101　设置好的图表效果图

任务 7　制作销售数据透视表

（1）选中"销售原始数据"工作表。

（2）用鼠标选中数据区域中的任一单元格。

（3）单击【插入】→【表】→【数据透视表】选项，从弹出的菜单中选择【数据透视表】选项，打开图 3-102 所示的"创建数据透视表"对话框。

（4）在"请选择要分析的数据"选项组中选中"选择一个表或区域"单选按钮，然后在工作表中把要创建数据透视表的数据区域命名为"销售原始数据!$A$2:$K$34"。

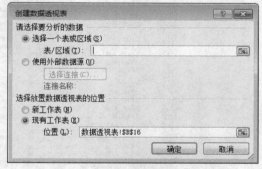

图 3-102　"创建数据透视表"对话框

活力
小贴士

一般情况下，如果用鼠标选中数据区域中的任意单元格，在创建数据透视表时 Excel 将自动搜索并选定其数据区域，如果选定的区域与实际区域不同可重新选择。

（5）在"选择放置数据透视表的位置"选项组中选中【现有工作表】单选按钮，并选定"数据透视表"工作表的 A3 单元格作为数据透视表的起始位置。

（6）单击【确定】按钮，产生图 3-103 所示的默认数据透视表，并在右侧显示"数据透视表字段列表"窗格。

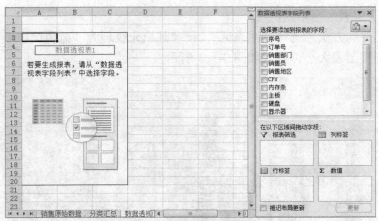

图 3-103　创建默认的数据透视表

（7）在"数据透视表字段列表"中将"月份"字段拖至"列标签"框中，成为列标题；将"销售地区"字段拖至"行标签"框中，成为行标题；依次拖动"CPU""内存条""主板""硬盘""显示器"字段至"Σ 数值"框，如图 3-104 所示。

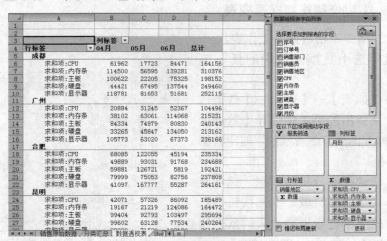

图 3-104　设置好的数据透视表

（8）将"数据透视表"工作表的 A4 单元格中的"行标签"修改为"地区"，B3 单元格中的列标签修改为"月份"，如图 3-105 所示。

（9）根据图 3-105 所示，单击"行标签"或者"列标签"对应的下拉按钮，可以选择需要的数据进行查看，以达到对数据透视的目的。

3.12.5　项目小结

本项目通过制作"销售数据管理与分析"表格，主要介绍了数据的输入、运用 MID 函数提取文本等基本操作，在此基础上，运用分类汇总、

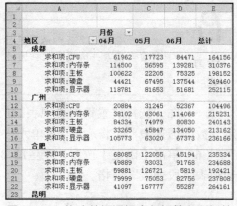

图 3-105　修改数据透视表行标签和列标签

图表、数据透视表对销售数据进行了多角度、全方位的分析，为市场部对销售的有效预测和推广提供了保障和支持。

3.12.6 拓展项目

1. 制作不同收入消费者群体购买力特征分析

图 3-106 所示为不同收入消费者群体购买力特征分析。

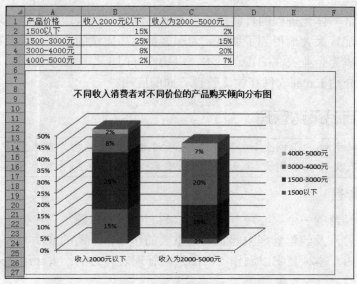

图 3-106 不同收入消费者群体购买力特征分析

2. 制作消费行为习惯分析

图 3-107 所示为消费行为习惯分析。

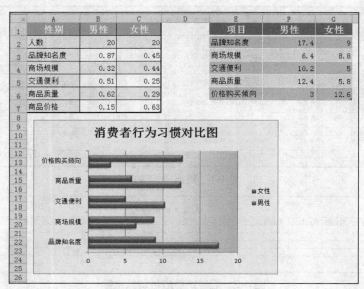

图 3-107 消费行为习惯分析

129

第④篇 物流篇

随着全球经济一体化进程的日益加快，企业面临着更加激烈的竞争环境，资源在全球范围内的流动和配置大大地得到了加强。为顾客提供高质量的服务，降低物流成本，提高企业的经济效益成为企业关注的重点。本篇以物流部门工作中经常使用的几种表格及数据处理方式为例，介绍 Excel 软件在物流管理方面的应用。

项目 13 商品采购管理

示例文件　原始文件：示例文件\素材文件\项目 13\商品采购管理表.xlsx
　　　　　　效果文件：示例文件\效果文件\项目 13\商品采购管理表.xlsx

4.13.1　项目背景

采购是企业经营的一个核心环节，是获取利润的重要来源。它在企业的产品开发、质量保证、供应链管理及经营管理中起着及其重要的作用，采购的成功与否在一定程度上影响着企业的竞争力。本项目将以制作"商品采购管理表"为例，来介绍 Excel 在商品采购管理中的应用。

4.13.2　项目效果

图 4-1 所示为商品采购清单，图 4-2 所示为汇总统计应付货款余额表。

序号	采购日期	商品编码	商品名称	规格型号	单位	数量	单价	金额	支付方式	供应商	已付货款	应付货款余额
				商品采购明细表								
001	2016-8-2	J1002	三星超薄笔记本电脑	Samsung 500R5H-Y0A 15.6英寸	台	16	¥4,898	¥78,368	银行转帐	威尔达科技		¥78,368
002	2016-8-5	J1004	戴尔笔记本电脑	DELL Ins14MR-7508R 14英寸	台	8	¥4,190	¥33,520	本票	拓达科技		¥33,520
003	2016-8-5	J1005	联想笔记本超薄电脑	Lenovo Ideapad 500s 14英寸	台	5	¥4,680	¥23,400	本票	拓达科技		¥23,400
004	2016-8-8	YY1001	西部数据移动硬盘	WDBUZG0010BBK 1TB	个	18	¥399	¥7,182	现金	威尔达科技	¥7,182	¥0
005	2016-8-10	XJ1002	佳能相机	EOS 60D	部	8	¥4,400	¥35,200	支票	义美数码		¥35,200
006	2016-8-12	SXJ1001	索尼数码摄像机	FDR-AX30	台	6	¥5,290	¥31,740	支票	天宇数码		¥31,740
007	2016-8-16	SJ1001	华为手机	P9 3G+32G	部	25	¥2,890	¥72,250	银行转帐	顺成通讯		¥72,250
008	2016-8-17	J1001	联想ThinkPad 超薄电脑	New S2 13.3英寸	台	28	¥6,199	¥173,572	银行转帐	威尔达科技		¥173,572
009	2016-8-19	J1006	宏碁笔记本电脑	Acer V5-591G-53QR 15.6英寸	台	15	¥4,899	¥73,485	本票	力锦科技		¥73,485
010	2016-8-19	YY1002	希捷移动硬盘	2.5英寸 1TB	个	12	¥418	¥5,016	现金	天科电子	¥5,016	¥0
011	2016-8-22	SJ1003	OPPO手机	R9 Plus	部	12	¥2,699	¥48,582	支票	顺成通讯		¥48,582
012	2016-8-24	J1003	华硕变形触控超薄本	ASUS TP301UA 13.3英寸	台	6	¥7,280	¥43,680	汇款	谊合科技		¥43,680
013	2016-8-25	J1003	联想笔记本超薄电脑	Lenovo Ideapad 500s 14英寸	台	16	¥4,680	¥74,880	银行转帐	长城科技		¥74,880
014	2016-8-29	J1007	惠普笔记本电脑	HP Pavilion 14-AL027TX 14英寸	台	10	¥4,099	¥40,990	支票	百兴信息		¥40,990
015	2016-8-31	XJ1002	佳能相机	EOS 60D	部	15	¥4,400	¥66,000	汇款	义美数码		¥66,000
016	2016-8-31	SXJ1002	JVC数码摄像机	GZ-VX855	台	5	¥3,780	¥18,900	现金	天宇数码	¥5,000	¥13,900
017	2016-8-31	SJ1001	华为手机	P9 3G+32G	部	15	¥2,890	¥43,350	银行转帐	顺成通讯		¥43,350

图 4-1　商品采购清单

序号	采购日期	商品编码	商品名称	规格型号	单位	数量	单价	金额	支付方式	供应商	已付货款	应付货款余额
				商品采购明细表								
									本票 汇总			¥96,885
									汇款 汇总			¥109,680
									现金 汇总			¥13,900
									银行转账 汇总			¥442,420
									支票 汇总			¥190,032
									总计			¥852,917

图 4-2　汇总统计应付货款余额

4.13.3　知识与技能

- 创建工作簿、重命名工作表
- 定义名称功能的使用
- 设置数据有效性
- VLOOKUP 函数的应用
- 自动筛选功能的使用
- 高级筛选功能的使用
- 分类汇总

4.13.4　解决方案

任务1　创建工作簿和重命名工作表

（1）启动 Excel 2010，新建一空白工作簿。

（2）将创建的工作簿以"商品采购管理表"为名保存在"D:\公司文档\物流部"文件夹中。

（3）将 Sheet 1 工作表重命名为"商品基础资料"，Sheet 2 工作表重命名为"商品采购单"。

任务2　建立"商品基础资料"表

（1）选中"商品基础资料"工作表。

（2）在 A1:D1 单元格区域中输入图 4-3 所示的表格标题。

图 4-3　"商品基础资料"表格标题

（3）输入表格内容，并适当调整表格列宽，如图 4-4 所示。

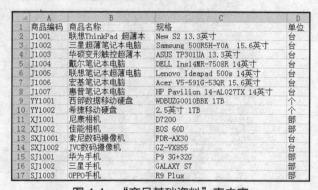

	A	B	C	D
1	商品编码	商品名称	规格	单位
2	J1001	联想ThinkPad 超薄本	New S2 13.3英寸	台
3	J1002	三星超薄笔记本电脑	Samsung 500R5H-Y0A　15.6英寸	台
4	J1003	华硕变形触控超薄本	ASUS TP301UA 13.3英寸	台
5	J1004	戴尔笔记本电脑	DELL Ins14MR-7508R 14英寸	台
6	J1005	联想笔记本超薄电脑	Lenovo Ideapad 500s 14英寸	台
7	J1006	宏基笔记本电脑	Acer V5-591G-53QR 15.6英寸	台
8	J1007	惠普笔记本电脑	HP Pavilion 14-AL027TX 14英寸	台
9	YY1001	西部数据移动硬盘	WDBUZG0010BBK 1TB	个
10	YY1002	希捷移动硬盘	2.5英寸 1TB	个
11	XJ1001	尼康相机	D7200	部
12	XJ1002	佳能相机	EOS 60D	部
13	SXJ1001	索尼数码摄像机	FDR-AX30	台
14	SXJ1002	JVC数码摄像机	GZ-VX855	台
15	SJ1001	华为手机	P9 3G+32G	部
16	SJ1002	三星手机	GALAXY S7	部
17	SJ1003	OPPO手机	R9 Plus	部

图 4-4　"商品基础资料"表内容

任务3　定义名称

**活力
小贴士**

　　Excel 中可以使用一些有技巧的方法管理复杂的工程。一个特别好的工具就是定义名称。可以用名称来标明单元格或区域，这样，在以后编写公式时可以很方便地用所定义的名称替代公式中的单元格地址，使用名称可使公式更加容易理解和更新。

　　名称是单元格或单元格区域的别名，它代表单元格、单元格区域、公式或常量。如果用"单价"来定义区域"Sheet1!B2:B9"，那么在公式或函数中可以使用名称代替单元格区域的地址。比如公式"=AVERAGE(Sheet1!B2:B9)"就可用 "=AVERAGE(单价)"来代替，这样更容易记忆和书写。默认情况下，名称使用的是单元格的绝对地址。

　　创建和编辑名称时需要注意如下的语法规则。

　　① 名称的第一个字符必须是一个字母、下划线"_"或反斜杠"\"。名称中剩余的字

符可以是字母、数字、句点和下划线字符。

　　② 不能使用大写和小写字符"C""c""R"或"r"用作定义名称，因为它们被用作速记时输入名称或定位文本框中选择行或列中的当前选定的单元格。

　　③ 名称不能与单元格地址相同，例如 A5。

　　④ 名称中不能包含空格，可以使用下划线 "_" 和句点 "."。例如，Sales_Tax 或 First.Quarter。

　　⑤ 名称长度不能超过 255 个字符，一般建议尽量简短、易记。

　　⑥ 名称可以包含大写和小写字母。Excel 不区分名称中的大写和小写字符。

（1）选中要命名的 A2:D17 单元格区域。

（2）单击【公式】→【定义的名称】→【定义名称】按钮，打开"新建名称"对话框。

（3）在"名称"文本框中输入"商品信息"，如图 4-5 所示。

（4）单击【确定】按钮。

图 4-5　"新建名称"对话框

活力
小贴士

定义好名称后，选中 A2:D17 单元格区域时，定义的名称显示在 Excel 窗口的"名称框"中，如图 4-6 所示。

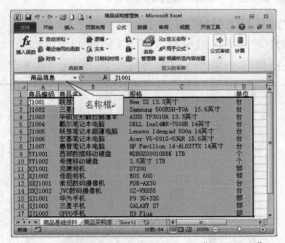

图 4-6　名称框中显示定义的名称"商品信息"

如果只选中定义区域内的一个或部分单元格时，则名称框中不会显示定义的区域名称。

任务 4　创建"商品采购单"

（1）选中"商品采购单"工作表。

（2）在 A1 单元格中输入标题"商品采购明细表清单"。

（3）在 A2:N2 单元格区域中输入图 4-7 所示的表格字段标题。

图 4-7　"商品采购单"框架

任务 5　输入商品采购记录

（1）输入序号和采购日期。

① 定义"序号"列的数据为"文本"类型。选中 A 列，单击【开始】→【数字】→【数字格式】下拉按钮，从列表中选择"文本"，如图 4-8 所示。

② 选中 A3 单元格，输入"001"，鼠标拖曳填充柄至 A19 单元格，在 A3:A19 单元格区域中出现序号"001"～"017"。

③ 参照图 4-9 所示，输入"采购日期"。

图 4-8　"数字格式"下拉列表

图 4-9　输入"采购日期"

（2）利用数据有效性制定"商品编码"下拉列表框。

① 选中 C3:C19 单元格区域。

② 单击【数据】→【数据工具】→【数据有效性】按钮，打开"数据有效性"对话框。

③ 在"设置"选项卡中的"允许"下拉列表中选择"序列"，如图 4-10 所示。

④ 单击"来源"右侧的【输入来源】按钮，选取"商品基础资料"工作表的 A2:A17 单元格区域，如图 4-11 所示。

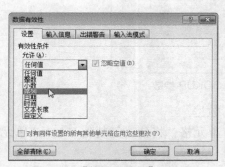

图 4-10　"数据有效性"对话框

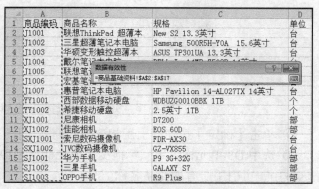

图 4-11　选取"序列"来源

⑤ 单击"数据有效性"工具栏右侧的【返回】按钮，返回"数据有效性"对话框，"来源"文本框中已经显示了序列来源，如图 4-12 所示。

⑥ 单击【确定】按钮，返回"商品采购单"工作表，选中设置了数据有效性的任意单元格，可以显示出图 4-13 所示的"商品编码"下拉列表框。

（3）参照图 4-14 所示，利用下拉列表输入"商品编码"数据。

图 4-12 设置数据序列"来源"

图 4-13 "商品编码"下拉列表框

图 4-14 利用下拉列表输入"商品编码"

（4）使用 VLOOKUP 函数引用"商品名称""规格型号"和"单位"数据。

① 选中 D3 单元格。

② 单击【公式】→【函数库】→【插入函数】按钮，打开"插入函数"对话框，从函数列表中选择"VLOOKUP"函数后单击【确定】按钮，打开【函数参数】对话框，设置图 4-15 所示的参数。

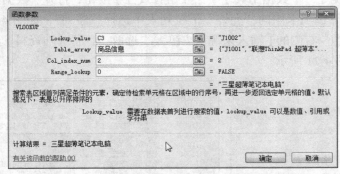

图 4-15 引用"商品名称"的 VLOOKUP 参数

③ 单击【确定】按钮，引用相应的"商品名称"数据。

④ 选中 D3 单元格，用鼠标拖曳其填充柄至 D19 单元格，将公式复制到 D4:D19 单元格区域中，可引用所有的商品名称。

⑤ 使用同样的方式，分别引用"规格型号"和"单位"。

⑥ 适当调整列宽，如图 4-16 所示。

▲	A	B	C	D	E	F
1	商品采购明细表					
2	序号	采购日期	商品编码	商品名称	规格型号	单位
3	001	2016-8-2	J1002	三星超薄笔记本电脑	Samsung 500R5H-Y0A　15.6英寸	台
4	002	2016-8-5	J1004	戴尔笔记本电脑	DELL Ins14MR-7508R 14英寸	台
5	003	2016-8-5	J1005	联想笔记本超薄电脑	Lenovo Ideapad 500s 14英寸	台
6	004	2016-8-8	YY1001	西部数据移动硬盘	WDBUZG0010BBK 1TB	个
7	005	2016-8-10	XJ1002	佳能相机	EOS 60D	部
8	006	2016-8-12	SXJ1001	索尼数码摄像机	FDR-AX30	部
9	007	2016-8-16	SJ1001	华为手机	P9 3G+32G	部
10	008	2016-8-17	J1001	联想ThinkPad 超薄本	New S2 13.3英寸	台
11	009	2016-8-19	J1006	宏基笔记本电脑	Acer V5-591G-53QR 15.6英寸	台
12	010	2016-8-19	YY1002	希捷移动硬盘	2.5英寸 1TB	个
13	011	2016-8-22	J1003	OPPO手机	R9 Plus	部
14	012	2016-8-24	J1003	华硕变形触控超薄本	ASUS TP301UA 13.3英寸	台
15	013	2016-8-25	J1005	联想笔记本超薄电脑	Lenovo Ideapad 500s 14英寸	台
16	014	2016-8-29	J1007	惠普笔记本电脑	HP Pavilion 14-AL027TX 14英寸	台
17	015	2016-8-31	XJ1001	佳能相机	EOS 60D	部
18	016	2016-8-31	SXJ1002	JVC数码摄像机	GZ-VX855	台
19	017	2016-8-31	SJ1001	华为手机	P9 3G+32G	部

图 4-16　用 VLOOKUP 函数引用"商品名称""规格型号"和"单位"数据

**活力
小贴士**

　　在设置 VLOOKUP 第二个参数 Table_array 时，其引用区域为"商品基础资料!$A$2:$D$17"，但由于在"任务 2"中，为 A2:D17 单元格区域定义了名称"商品信息"，且定义名称默认的引用为绝对地址$A$2:$D$17，因此，当选择"商品基础资料!$A$2:$D$17"单元格区域时，自动显示为定义的名称"商品信息"。

（5）参照图 4-17 所示，输入"数量"和"单价"数据。

▲	A	B	C	D	E	F	G	H
1	商品采购明细表							
2	序号	采购日期	商品编码	商品名称	规格型号	单位	数量	单价
3	001	2016-8-2	J1002	三星超薄笔记本电脑	Samsung 500R5H-Y0A　15.6英寸	台	16	4898
4	002	2016-8-5	J1004	戴尔笔记本电脑	DELL Ins14MR-7508R 14英寸	台	8	4190
5	003	2016-8-5	J1005	联想笔记本超薄电脑	Lenovo Ideapad 500s 14英寸	台	5	4680
6	004	2016-8-8	YY1001	西部数据移动硬盘	WDBUZG0010BBK 1TB	个	18	399
7	005	2016-8-10	XJ1002	佳能相机	EOS 60D	部	8	4400
8	006	2016-8-12	SXJ1001	索尼数码摄像机	FDR-AX30	部	6	5290
9	007	2016-8-16	SJ1001	华为手机	P9 3G+32G	部	25	2890
10	008	2016-8-17	J1001	联想ThinkPad 超薄本	New S2 13.3英寸	台	28	6199
11	009	2016-8-19	J1006	宏基笔记本电脑	Acer V5-591G-53QR 15.6英寸	台	15	4899
12	010	2016-8-19	YY1002	希捷移动硬盘	2.5英寸 1TB	个	12	418
13	011	2016-8-22	J1003	OPPO手机	R9 Plus	部	18	2699
14	012	2016-8-24	J1003	华硕变形触控超薄本	ASUS TP301UA 13.3英寸	台	6	7280
15	013	2016-8-25	J1005	联想笔记本超薄电脑	Lenovo Ideapad 500s 14英寸	台	16	4680
16	014	2016-8-29	J1007	惠普笔记本电脑	HP Pavilion 14-AL027TX 14英寸	台	10	4099
17	015	2016-8-31	XJ1001	佳能相机	EOS 60D	部	15	4400
18	016	2016-8-31	SXJ1002	JVC数码摄像机	GZ-VX855	台	5	3780
19	017	2016-8-31	SJ1001	华为手机	P9 3G+32G	部	15	2890

图 4-17　输入"数量"和"单价"数据

（6）利用数据有效性制定"支付方式"下拉列表框。

① 选中 J3:J19 单元格区域。

② 单击【数据】→【数据工具】→【数据有效性】按钮，打开"数据有效性"对话框。

③ 在"设置"选项卡中的"允许"下拉列表中选择"序列"。

④ 在"来源"文本框中输入待选的支付方式列表项"现金,银行转账,汇款,支票,本票"，（各列表项之间用英文状态下的逗号分隔），如图 4-18 所示。

图 4-18　"支付方式"数据有效性的设置

⑤ 单击【确定】按钮，完成"支付方式"下拉列表框的设置。

（7）参照图 4-19 所示，输入"支付方式""供应商"和"已付货款"数据。

	A	B	C	D	E	F	G	H	I	J	K	L
1	商品采购明细表											
2	序号	采购日期	商品编码	商品名称	规格型号	单位	数量	单价	金额	支付方式	供应商	已付货款
3	001	2016-8-2	J1002	三星超薄笔记本电脑	Samsung 500R5H-Y0A 15.6英寸	台	16	4898		银行转账	威尔达科技	
4	002	2016-8-5	J1004	戴尔笔记本电脑	DELL Ins14MR-7508R 14英寸	台	8	4190		支票	拓达科技	
5	003	2016-8-5	J1005	联想笔记本超薄电脑	Lenovo Ideapad 500s 14英寸	台	5	4680		本票	拓达科技	
6	004	2016-8-8	YY1001	西部数据移动硬盘	WDBUZG0010BBK 1TB	个	18	399		现金	威尔达科技	7182
7	005	2016-8-10	XJ1002	佳能相机	EOS 60D	部	8	4400		支票	义美数码	
8	006	2016-8-12	SXJ1001	索尼数码摄像机	FDR-AX30	台	6	5290		支票	天宇数码	
9	007	2016-8-16	SJ1001	华为手机	P9 3G+32G	部	25	2890		银行转账	顺成通讯	
10	008	2016-8-17	J1001	联想ThinkPad 超薄本	New S2 13.3英寸	台	28	6199		银行转账	长城科技	
11	009	2016-8-19	J1006	宏基笔记本电脑	Acer V5-591G-53QR 15.6英寸	台	15	4899		本票	力锦科技	
12	010	2016-8-19	YY1002	希捷移动硬盘	2.5英寸 1TB	个	12	418		现金	天科电子	5016
13	011	2016-8-22	SJ1003	OPPO手机	R9 Plus	部	18	2699		支票	顺成通讯	
14	012	2016-8-24	J1003	华硕变形触控超薄本	ASUS TP301UA 13.3英寸	台	6	7280		汇款	涵合科技	
15	013	2016-8-25	J1005	联想笔记本超薄电脑	Lenovo Ideapad 500s 14英寸	台	16	4680		银行转账	长城科技	
16	014	2016-8-29	J1007	惠普笔记本电脑	HP Pavilion 14-AL027TX 14英寸	台	10	4099		支票	百达信息	
17	015	2016-8-31	XJ1002	佳能相机	EOS 60D	部	15	4400		汇款	义美数码	
18	016	2016-8-31	SXJ1002	JVC数码摄像机	GZ-VX855	台	5	3780		现金	天宇数码	5000
19	017	2016-8-31	SJ1001	华为手机	P9 3G+32G	部	15	2890		银行转账	顺成通讯	

图 4-19　输入"支付方式""供应商"和"已付货款"数据

（8）计算"金额"和"应付货款余额"。

① 计算"金额"。选中 I3 单元格，输入公式"=G3*H3"，按【Enter】键确认。再次选中 I3 单元格，用鼠标拖曳其填充柄至 I19 单元格，将公式复制到 I4:I19 单元格区域中，计算出所有商品的"金额"。

② 计算"应付货款余额"。选中 M3 单元格，输入公式"=I3–L3"，按【Enter】键确认。再次选中 M3 单元格，用鼠标拖曳其填充柄至 M19 单元格，将公式复制到 M4:M19 单元格区域中，计算出所有商品的"应付货款余额"，如图 4-20 所示。

	A	B	C	D	E	F	G	H	I	J	K	L	M
1	商品采购明细表												
2	序号	采购日期	商品编码	商品名称	规格型号	单位	数量	单价	金额	支付方式	供应商	已付货款	应付货款余额
3	001	2016-8-2	J1002	三星超薄笔记本电脑	Samsung 500R5H-Y0A 15.6英寸	台	16	4898	78368	银行转账	威尔达科技		78368
4	002	2016-8-5	J1004	戴尔笔记本电脑	DELL Ins14MR-7508R 14英寸	台	8	4190	33520	支票	拓达科技		33520
5	003	2016-8-5	J1005	联想笔记本超薄电脑	Lenovo Ideapad 500s 14英寸	台	5	4680	23400	本票	拓达科技		23400
6	004	2016-8-8	YY1001	西部数据移动硬盘	WDBUZG0010BBK 1TB	个	18	399	7182	现金	威尔达科技	7182	0
7	005	2016-8-10	XJ1002	佳能相机	EOS 60D	部	8	4400	35200	支票	义美数码		35200
8	006	2016-8-12	SXJ1001	索尼数码摄像机	FDR-AX30	台	6	5290	31740	支票	天宇数码		31740
9	007	2016-8-16	SJ1001	华为手机	P9 3G+32G	部	25	2890	72250	银行转账	顺成通讯		72250
10	008	2016-8-17	J1001	联想ThinkPad 超薄本	New S2 13.3英寸	台	28	6199	173572	银行转账	长城科技		173572
11	009	2016-8-19	J1006	宏基笔记本电脑	Acer V5-591G-53QR 15.6英寸	台	15	4899	73485	本票	力锦科技		73485
12	010	2016-8-19	YY1002	希捷移动硬盘	2.5英寸 1TB	个	12	418	5016	现金	天科电子	5016	0
13	011	2016-8-22	SJ1003	OPPO手机	R9 Plus	部	18	2699	48582	支票	顺成通讯		48582
14	012	2016-8-24	J1003	华硕变形触控超薄本	ASUS TP301UA 13.3英寸	台	6	7280	43680	汇款	涵合科技		43680
15	013	2016-8-25	J1005	联想笔记本超薄电脑	Lenovo Ideapad 500s 14英寸	台	16	4680	74880	银行转账	长城科技		74880
16	014	2016-8-29	J1007	惠普笔记本电脑	HP Pavilion 14-AL027TX 14英寸	台	10	4099	40990	支票	百达信息		40990
17	015	2016-8-31	XJ1002	佳能相机	EOS 60D	部	15	4400	66000	汇款	义美数码		66000
18	016	2016-8-31	SXJ1002	JVC数码摄像机	GZ-VX855	台	5	3780	18900	现金	天宇数码	5000	13900
19	017	2016-8-31	SJ1001	华为手机	P9 3G+32G	部	15	2890	43350	银行转账	顺成通讯		43350

图 4-20　计算"金额"和"应付货款余额"

任务 6　美化"商品采购单"工作表

（1）将 A1:M1 单元格区域设置为"合并后居中"，并设置标题为"华文行楷"、18 磅。

（2）设置 A2:M2 单元格区域的字段标题为加粗、居中。

（3）设置"单价""金额""已付货款"和"应付货款余额"的数据格式为"货币"、0（零）位小数，如图 4-21 所示。

（4）将"序号""单位"和"支付方式"列的数据居中对齐。

图 4-21　设置数据为"货币"格式

（5）为 A2:M19 单元格区域添加边框。

（6）适当调整各列的宽度。

设置后的效果如图 4-1 所示。

任务7　分析采购业务数据

（1）复制工作表。

将"商品采购单"工作表复制 5 份，分别重命名为"金额超过 5 万的记录""手机采购记录""8 月中旬的采购记录""8 月下旬银行转账的采购记录"，以及"单价高于 5000 和金额超过 6 万的记录"。

（2）筛选"金额超过 5 万的记录"。

① 切换到"金额超过 5 万的记录"工作表。

② 选中数据区域中的任一单元格，单击【数据】→【排序和筛选】→【筛选】按钮，构建自动筛选。系统将在每个字段上添加一个下拉按钮，如图 4-22 所示。

图 4-22　自动筛选工作表

③ 设置筛选条件。单击"金额"右边的下拉按钮，打开筛选菜单，选择图 4-23 所示的【数字筛选】级联菜单中的【大于】选项，打开"自定义自动筛选方式"对话框。

④ 将"金额"选项组中大于的值设置为"50000"，如图 4-24 所示。

⑤ 单击【确定】按钮后，筛选出"金额超过 5 万的记录"。筛选结果如图 4-25 所示。

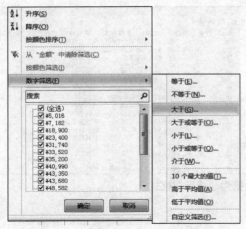

图 4-23　设置"金额"筛选的菜单

图 4-24　"自定义自动筛选方式"对话框

A	B	C	D	E	F	G	H	I	J	K	L	M
					商品采购明细表							
序号	采购日期	商品编号	商品名称	规格型号	单位	数量	单价	金额	支付方式	供应商	已付货款	应付货款余额
001	2016-8-2	J1002	三星超薄笔记本电脑	Samsung 500R5H-YOA 15.6英寸	台	16	¥4,898	¥78,368	银行转帐	威尔达科技		¥78,368
007	2016-8-16	SJ1001	华为手机	P9 3G+32G	部	25	¥2,890	¥72,250	银行转帐	顺成通讯		¥72,250
008	2016-8-17	J1001	联想ThinkPad 超薄本	New S2 13.3英寸	台	28	¥6,199	¥173,572	银行转帐	长城科技		¥173,572
009	2016-8-19	J1006	宏基笔记本电脑	Acer V5-591G-53QR 15.6英寸	台	15	¥4,899	¥73,485	本票	力翁科技		¥73,485
013	2016-8-25	J1005	联想笔记本超薄电脑	Lenovo Ideapad 500s 14英寸	台	16	¥4,680	¥74,880	银行转帐	长城科技		¥74,880
015	2016-8-31	XJ1002	佳能相机	EOS 60D	台	15	¥4,400	¥66,000	汇款	义美数码		¥66,000

图 4-25　筛选出"金额超过 5 万的记录"

（3）筛选"手机采购记录"。

① 切换到"手机采购记录"工作表。

② 选中数据区域中的任一单元格，单击【数据】→【排序和筛选】→【筛选】按钮，构建自动筛选。

③ 单击"商品名称"右边的下拉按钮，打开筛选菜单，选择图 4-26 所示的【文本筛选】级联菜单中的【包含】选项，打开"自定义自动筛选方式"对话框。

④ 将"商品名称"选项中的包含的值设置为"手机"，如图 4-27 所示。

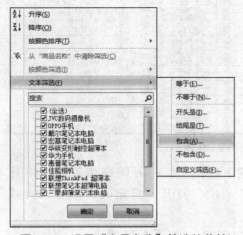

图 4-26　设置"商品名称"筛选的菜单

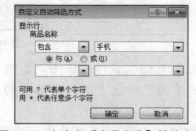

图 4-27　自定义"商品名称"筛选方式

⑤ 单击【确定】按钮后，筛选出商品名称中包含有手机字符的"手机采购记录"。筛选结果如图 4-28 所示。

序号	采购日期	商品编号	商品名称	规格型号	单位	数量	单价	金额	支付方式	供应商	已付货款	应付货款余额
				商品采购明细表								
007	2016-8-16	SJ1001	华为手机	P9 3G+32G	部	25	¥2,890	¥72,250	银行转账	顺成通讯		¥72,250
011	2016-8-22	SJ1003	OPPO手机	R9 Plus	部	18	¥2,699	¥48,582	支票	顺成通讯		¥48,582
017	2016-8-31	SJ1001	华为手机	P9 3G+32G	部	15	¥2,890	¥43,350	银行转账	顺成通讯		¥43,350

图 4-28　筛选出"手机采购记录"

（4）筛选"8 月中旬的采购记录"。

① 切换到"8 月中旬的采购记录"工作表。

② 选中数据区域中的任一单元格，单击【数据】→【排序和筛选】→【筛选】按钮，构建自动筛选。

③ 单击"采购日期"右边的下拉按钮，打开筛选菜单，选择图 4-29 所示的【日期筛选】级联菜单中的【介于】选项，打开"自定义自动筛选方式"对话框。

④ 按图 4-30 所示设置"采购日期"的日期范围。

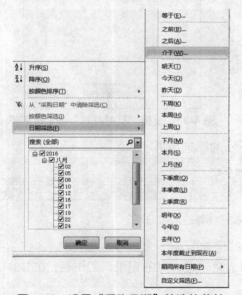

图 4-29　设置"采购日期"筛选的菜单　　图 4-30　设置"采购日期"筛选方式

⑤ 单击【确定】按钮后，筛选出"8 月中旬的采购记录"。筛选结果如图 4-31 所示。

序号	采购日期	商品编号	商品名称	规格型号	单位	数量	单价	金额	支付方式	供应商	已付货款	应付货款余额
				商品采购明细表								
006	2016-8-12	SXJ1001	索尼数码摄像机	FDR-AX30	台	6	¥5,290	¥31,740	支票	天宇数码		¥31,740
007	2016-8-16	SJ1001	华为手机	P9 3G+32G	部	25	¥2,890	¥72,250	银行转账	顺成通讯		¥72,250
008	2016-8-17	JJ1001	联想ThinkPad 超薄本	New S2 13.3英寸	台	28	¥6,199	¥173,572	银行转账	长城科技		¥173,572
009	2016-8-18	JJ1006	宏基笔记本电脑	Acer V5-591G-53QR 15.6英寸	台	15	¥4,899	¥73,485	本票	力锦科技		¥73,485
010	2016-8-19	YY1002	希捷移动硬盘	2.5英寸 1TB	个	12	¥418	¥5,016	现金	天科电子	¥5,016	¥0

图 4-31　筛选出"8 月中旬的采购记录"

（5）筛选"8 月下旬银行转账的采购记录"。

① 切换到"8 月下旬银行转账的采购记录"工作表。

② 选中数据区域中的任一单元格，单击【数据】→【排序和筛选】→【筛选】按钮，构建自动筛选。

③ 单击"采购日期"右边的下拉按钮，打开筛选菜单，选择【日期筛选】级联菜单中的【之后】选项，打开"自定义自动筛选方式"对话框，按图 4-32 所示设置"采购日期"，

单击【确定】按钮，筛选出"8月下旬的采购记录"。

④ 单击"支付方式"右边的下拉按钮，打开筛选菜单，在"支付方式"的值列表中选择"银行转账"，如图4-33所示。

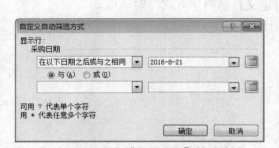

图4-32 自定义"采购日期"筛选方式

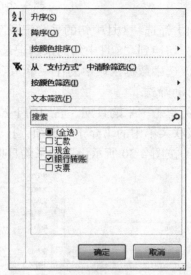

图4-33 设置"支付方式"筛选的菜单

⑤ 单击【确定】按钮，则可得到图4-34所示的筛选结果。

图4-34 筛选出"8月下旬银行转账的采购记录"

（6）筛选"单价高于5000和金额超过6万的记录"。

① 输入筛选条件。选择"单价高于5000和金额超过6万的记录"工作表，在D21:E23单元格区域中输入筛选条件，如图4-35所示。

② 选中数据区域中的任一单元格，单击【数据】→【排序和筛选】→【高级】选项，弹出"高级筛选"对话框。

③ 选择"方式"为"在原有区域显示筛选结果"，设置列表区域和条件区域，如图4-36所示。

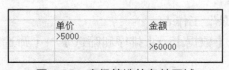

图4-35 高级筛选的条件区域

图4-36 "高级筛选"对话框

④ 单击【确定】按钮，得到图4-37所示的筛选结果。

序号	采购日期	商品编码	商品名称	规格型号	单位	数量	单价	金额	支付方式	供应商	已付货款	应付货款余额
001	2016-8-2	J1002	三星超薄笔记本电脑	Samsung 500R5H-Y0A 15.6英寸	台	16	¥4,898	¥78,368	银行转账	威尔达科技		¥78,368
006	2016-8-12	SXJ1001	索尼数码摄像机	FDR-AX30	台	6	¥5,290	¥31,740	支票	天宇数码		¥31,740
007	2016-8-16	SJ1001	华为手机	P9 3G+32G	部	25	¥2,890	¥72,250	银行转账	顺成通讯		¥72,250
008	2016-8-17	J1001	联想ThinkPad 超薄本	New S2 13.3英寸	台	28	¥6,199	¥173,572	银行转账	长城科技		¥173,572
009	2016-8-19	J1006	宏基笔记本电脑	Acer V5-591G-53QR 15.6英寸	台	15	¥4,899	¥73,485	本票	力锦科技		¥73,485
012	2016-8-24	J1003	华硕变形触控超薄本	ASUS TP301UA 13.3英寸	台	6	¥7,280	¥43,680	汇款	涵合科技		¥43,680
013	2016-8-25	J1005	联想笔记本超薄电脑	Lenovo Ideapad 500s 14英寸	台	16	¥4,680	¥74,880	银行转账	长城科技		¥74,880
015	2016-8-31	XJ1002	佳能相机	EOS 60D	部	15	¥4,400	¥66,000	汇款	义美数码		¥66,000

图 4-37 筛选出"单价高于 5000 和金额超过 6 万的记录"

活力小贴士

Excel 提供的筛选操作，可将满足筛选条件的行保留，其余行隐藏以便查看满足条件的数据。筛选完成后，保留的数据行的行号会变成蓝色。筛选可以分为自动筛选和高级筛选两种。

① 自动筛选。它适用于简单条件的筛选，筛选时将不满足条件的数据暂时隐藏起来，只显示符合条件的数据。筛选该列中的某个值或按自定义条件进行筛选，Excel 会根据应用自动筛选列中的数据类型，自动变为"数字筛选""文本筛选"或"日期筛选"。

② 高级筛选。高级筛选可以指定复杂条件，限制查询结果集中要包括的记录，常用于多个条件满足"或"关系的情况。其筛选的结果可显示在原数据表格中，不符合条件的记录被隐藏起来；也可以在新的位置显示筛选结果，不符合的条件的记录同时保留在数据表中而不会被隐藏起来，这样更加方便进行数据的比对。

任务8 按支付方式汇总"应付货款余额"

（1）复制"商品采购单"工作表，将复制的工作表重命名为"按支付方式汇总应付货款余额"。

（2）按支付方式对数据进行排序。选中数据区域中的任一单元格，单击【数据】→【排序和筛选】→【排序】按钮，打开"排序"对话框。设置"主要关键字"为"支付方式"，如图 4-38 所示，单击【确定】按钮。

（3）按支付方式对"应付货款余额"进行汇总。

① 单击【数据】→【分级显示】→【分类汇总】按钮，打开"分类汇总"对话框。

② 在"分类汇总"对话框的"分类字段"下拉列表中选择"支付方式"，在"汇总方式"下拉列表中选择"求和"，在"选定汇总项"中选择"应付货款余额"，如图 4-39 所示。

图 4-38 "排序"对话框

图 4-39 "分类汇总"对话框

③ 单击【确定】按钮，生成各种支付方式的应付货款余额汇总数据，如图 4-40 所示。

④ 单击查看分类汇总层次按钮 1 2 3 中的 2，只显示 2 级汇总数据，如图 4-2 所示。

图 4-40　按支付方式汇总应付货款余额

4.13.5　项目小结

本项目通过制作"商品采购管理表"，主要介绍了创建工作簿、重命名工作表、复制工作表、定义名称、利用数据有效性设置下拉列表和利用 VLOOKUP 函数等实现数据输入。在编辑好表格的基础上，使用"自动筛选""高级筛选"对数据进行分析。此外，通过分类汇总对使用各种支付方式的应付货款余额进行了汇总统计。

4.13.6　拓展项目

1. 统计各种商品的采购数量和金额

图 4-41 所示为统计各种商品的采购数量和金额。

图 4-41　统计各种商品的采购数量和金额

2. 统计各供应商的每种商品的销售金额

图 4-42 所示为各供应商的每种商品的销售金额。

图 4-42　统计各供应商的每种商品的销售金额

项目 14　商品库存管理

示例文件	原始文件：示例文件\素材文件\项目 14\商品库存管理表.xlsx
	效果文件：示例文件\效果文件\项目 14\商品库存管理表.xlsx

4.14.1　项目背景

对于一个公司来说，库存管理是物流系统中不可缺少的重要一环，库存管理的规范化将为物流体系带来切实的便利。不管是销售型公司还是生产型公司，其商品或产品的进货入库、库存、销售出货等管理，都是每日工作的重要内容。通过各种方式对仓库出入库数据做出合理的统计，这也是物流部门应该做好的工作。本项目将通过制作"商品库存管理表"来学习 Excel 在库存管理方面的应用。

4.14.2　项目效果

公司第一仓库及第二仓库入库表如图 4-43 和图 4-44 所示。第一、二仓库出库表如图 4-45 和图 4-46 所示。仓库的入/出库汇总表如图 4-47 和图 4-48 所示。

图 4-43　公司第一仓库入库表

图 4-44　公司第二仓库入库表

编号	统计日期	2016年7月	商品名称	仓库主管	李莫萧
	日期	商品编码	商品名称	规格	数量

科源有限公司第一仓库出库明细表

编号	日期	商品编码	商品名称	规格	数量
NO-1-0001	2016-7-3	J1002	三星超薄笔记本电脑	Samsung 500R5H-Y0A 15.6英寸	5
NO-1-0002	2016-7-5	J1004	戴尔笔记本电脑	DELL Ins14MR-7508R 14英寸	10
NO-1-0003	2016-7-8	SJ1003	OPPO手机	R9 Plus	8
NO-1-0004	2016-7-10	J1001	联想ThinkPad 超薄本	New S2 13.3寸	4
NO-1-0005	2016-7-10	YY1002	希捷移动硬盘	2.5英寸 1TB	18
NO-1-0006	2016-7-13	SXJ1001	索尼数码摄像机	FDR-AX30	3
NO-1-0007	2016-7-15	J1001	联想ThinkPad 超薄本	New S2 13.3寸	2
NO-1-0008	2016-7-17	J1006	宏基笔记本电脑	Acer V5-591G-53QR 15.6英寸	6
NO-1-0009	2016-7-18	XJ1002	佳能相机	EOS 60D	8
NO-1-0010	2016-7-20	XJ1001	尼康相机	D7200	5
NO-1-0011	2016-7-21	YY1001	西部数据移动硬盘	WDBUZG0010BBK 1TB	10
NO-1-0012	2016-7-23	J1005	联想笔记本超薄电脑	Lenovo Ideapad 500s 14英寸	8
NO-1-0013	2016-7-25	J1007	惠普笔记本电脑	HP Pavilion 14-AL027TX 14英寸	9
NO-1-0014	2016-7-26	J1003	华硕变形触控超薄本	ASUS TP301UA 13.3英寸	2
NO-1-0015	2016-7-27	SJ1002	三星手机	GALAXY S7	1
NO-1-0016	2016-7-28	SXJ1002	JVC数码摄像机	GZ-VX855	1
NO-1-0017	2016-7-30	SJ1001	华为手机	P9 3G+32G	10

图 4-45　公司第一仓库出库表

科源有限公司第二仓库出库明细表

编号	统计日期	2016年7月	商品名称	仓库主管	周谦
编号	日期	商品编码	商品名称	规格	数量
NO-2-0001	2016-7-1	XJ1001	尼康相机	D7200	6
NO-2-0002	2016-7-5	J1003	华硕变形触控超薄本	ASUS TP301UA 13.3英寸	9
NO-2-0003	2016-7-8	SJ1001	华为手机	P9 3G+32G	12
NO-2-0004	2016-7-9	SJ1002	三星手机	GALAXY S7	16
NO-2-0005	2016-7-10	XJ1001	尼康相机	D7200	15
NO-2-0006	2016-7-10	XJ1002	佳能相机	EOS 60D	8
NO-2-0007	2016-7-10	YY1001	西部数据移动硬盘	WDBUZG0010BBK 1TB	20
NO-2-0008	2016-7-12	J1004	戴尔笔记本电脑	DELL Ins14MR-7508R 14英寸	5
NO-2-0009	2016-7-12	J1006	宏基笔记本电脑	Acer V5-591G-53QR 15.6英寸	2
NO-2-0010	2016-7-15	YY1002	希捷移动硬盘	2.5英寸 1TB	13
NO-2-0011	2016-7-16	SJ1003	OPPO手机	R9 Plus	8
NO-2-0012	2016-7-18	J1005	联想笔记本超薄电脑	Lenovo Ideapad 500s 14英寸	7
NO-2-0013	2016-7-21	SXJ1001	索尼数码摄像机	FDR-AX30	5
NO-2-0014	2016-7-25	SXJ1002	JVC数码摄像机	GZ-VX855	3
NO-2-0015	2016-7-29	J1002	三星超薄笔记本电脑	Samsung 500R5H-Y0A 15.6英寸	8

图 4-46　公司第二仓库出库表

商品编码	数量	
J1006	5	
YY1002	32	
J1001	26	
J1004	32	
SJ1003	27	
J1003	25	
SJ1002	17	
SXJ1001	11	
SJ1001	14	
XJ1001	20	
J1005	8	
J1007	18	
XJ1002	8	
YY1001	23	
J1002	13	
SXJ1002	15	

图 4-47　公司仓库"入库汇总表"

商品编码	数量	
XJ1001	26	
J1007	9	
J1003	11	
SJ1001	22	
SJ1002	17	
XJ1002	16	
YY1001	30	
J1004	15	
J1006	8	
J1001	6	
YY1002	31	
SJ1003	16	
J1005	15	
SXJ1001	8	
SXJ1002	4	
J1002	13	

图 4-48　公司仓库"出库汇总表"

4.14.3　知识与技能

● 创建工作簿、重命名工作表

● 在工作簿之间复制工作表

● 定义数据格式

- 设置数据有效性
- VLOOKUP 函数的应用
- 合并计算

4.14.4　解决方案

任务1　创建并保存工作簿

（1）启动 Excel 2010，新建一空白工作簿。

（2）将创建的工作簿以"商品库存管理表"为名保存到"D:\公司文档\物流部"文件夹中。

任务2　复制"商品基础资料"表

（1）打开"D:\公司文档\物流部"文件夹中的"商品采购管理表"工作簿。

（2）选中"商品基础资料"工作表。

（3）单击【开始】→【单元格】→【格式】按钮，打开图 4-49 所示的"格式"菜单，在"组织工作表"下选择【移动或复制工作表】选项，打开图 4-50 所示的"移动或复制工作表"对话框。

（4）从"工作簿"的下拉列表中选择"商品库存管理表"工作簿，在"下列选定工作表之前"中选择"Sheet1"工作表，再勾选【建立副本】复选框，如图 4-51 所示。

（5）单击【确定】按钮，将选定的工作表"商品基础资料"复制到"商品库存管理表"工作簿中。

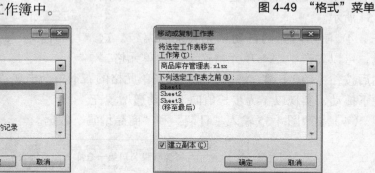

图 4-49　"格式"菜单

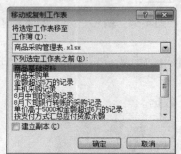

图 4-50　"移动或复制工作表"对话框　　　图 4-51　在工作簿之间复制工作表

任务3　创建"第一仓库入库"表

（1）将 Sheet1 工作表重命名为"第一仓库入库"。

（2）在"第一仓库入库"工作表中创建表格框架，如图 4-52 所示。

（3）输入"编号"。

① 选中编号所在的 A 列，单击【开始】→【单元格】→【格式】按钮，打开"设置单元格

图 4-52　"第一仓库入库"表格框架

格式"菜单，选择【设置单元格格式】选项，打开"设置单元格格式"对话框。

② 切换到"数字"选项卡，在左侧"分类"列表中选择"自定义"，在右侧类型中，输入自定义的格式，如图 4-53 所示，单击【确定】按钮。

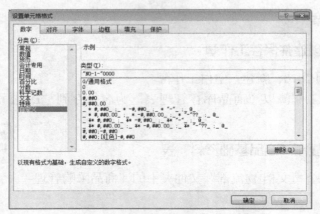

图 4-53　自定义"编号"格式

活力 小贴士

这里自定义的格式是由双引号引出的字符及后面输入的数字组成的一个字符串，双引号引起来的字符将会原样显示，并连接后面由 4 位数字组成的数字串。数字部分用了 4 个"0"表示，如果输入的数字不足 4 位，则在左方用"0"占位。

③ 选中 A4 单元格，输入"1"，按【Enter】键后，单元格中显示的是"NO-1-0001"，如图 4-54 所示。

④ 使用填充柄自动填充其余的编号。这里，可以先选中 A4 单元格作为起始单元格，

图 4-54　输入"1"后的编号显示形式

然后按住【Ctrl】键，将鼠标指针移到单元格的右下角会出现"+"号，这时按住鼠标左键往下拖动，实现以 1 为步长值向下自动递增填充。

（4）参照图 4-55 输入"日期"和"商品编码"数据。

	A	B	C	D	E	F
1	科源有限公司第一仓库入库明细表					
2		统计日期	2016年7月		仓库主管	李莫蕾
3	编号	日期	商品编码	商品名称	规格	数量
4	NO-1-0001	2016-7-2	J1002			
5	NO-1-0002	2016-7-3	SXJ1002			
6	NO-1-0003	2016-7-7	J1001			
7	NO-1-0004	2016-7-8	SJ1003			
8	NO-1-0005	2016-7-8	SJ1001			
9	NO-1-0006	2016-7-8	XJ1001			
10	NO-1-0007	2016-7-12	XJ1002			
11	NO-1-0008	2016-7-15	J1001			
12	NO-1-0009	2016-7-18	YY1002			
13	NO-1-0010	2016-7-20	J1004			
14	NO-1-0011	2016-7-21	J1006			
15	NO-1-0012	2016-7-21	J1007			
16	NO-1-0013	2016-7-22	SXJ1001			
17	NO-1-0014	2016-7-25	J1003			
18	NO-1-0015	2016-7-25	SJ1001			
19	NO-1-0016	2016-7-29	YY1001			

图 4-55　输入"日期"和"商品编码"数据

（5）输入"商品名称"数据。

① 选中 D4 单元格。

② 单击【公式】→【函数库】→【插入函数】按钮，打开图 4-56 所示的"插入函数"对话框。

③ 从"插入函数"对话框的"选择函数"列表中选择"VLOOKUP"函数后，单击【确定】按钮，然后在弹出的【函数参数】对话框中设置图 4-57 所示的参数。

④ 单击【确定】按钮，得到相应的"商品名称"数据。

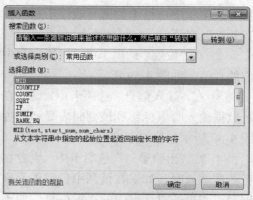

图 4-56 "插入函数"对话框

⑤ 选中 D4 单元格，用鼠标拖动其填充柄至 D19 单元格，将公式复制到 D5:D19 单元格区域中，得到所有的商品名称数据。

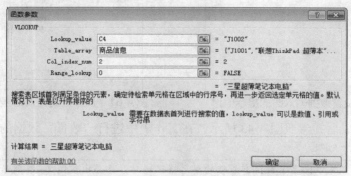

图 4-57 "商品名称"的 VLOOKUP 函数参数

（6）使用同样的方式，参照图 4-58 所示设置参数，输入"规格"数据。

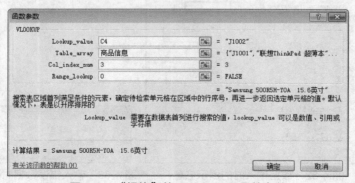

图 4-58 "规格"的 VLOOKUP 函数参数

（7）输入入库"数量"数据。

为保证输入的数量值均为正整数，不会出现其他数据，我们需要对这列进行数据有效性的设置。

① 选中 F4:F19 单元格区域，单击【数据】→【数据工具】→【数据有效性】按钮，

从下拉菜单中选择【数据有效性】选项，打开"数据有效性"对话框。

② 在"设置"选项卡中，设置该列中的数据所允许的数值，如图 4-59 所示。

③ 在"输入信息"选项卡中，设置在工作表中进行数据输入时鼠标移到该列时应显示的提示信息，如图 4-60 所示。

④ 在"出错警告"选项卡中，设置在工作表中进行数据输入时，如果在该列中任意单元格输入错误数据时应弹出的对话框中的提示信息，如图 4-61 所示。

图 4-59　设置数据有效性的条件

图 4-60　设置数据输入时的提示信息

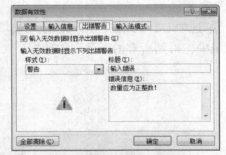

图 4-61　设置数据输入错误时的出错警告

（8）设置完成后，参照图 4-43 所示，在工作表中进行"数量"数据的输入，完成"第一仓库入库"表的创建。

活力
小贴士

当选中设置了数据有效性的单元格区域时，将会出现图 4-62 所示的提示信息；当输入错误数据时，会弹出图 4-63 所示的对话框。

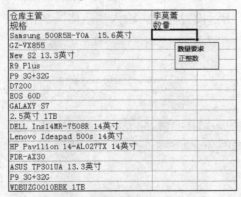

图 4-62　数据输入时的提示信息

图 4-63　输入错误数据时弹出的提示对话框

任务 4　创建"第二仓库入库"表

（1）将 Sheet2 工作表重命名为"第二仓库入库"。

（2）参照创建"第一仓库入库"表的方法创建图 4-44 所示的"第二仓库入库"表。

任务 5　创建"第一仓库出库"表

（1）将 Sheet3 工作表重命名为"第一仓库出库"。

（2）参照创建"第一仓库入库"表的方法创建图 4-45 所示的"第一仓库出库"表。

任务 6　创建"第二仓库出库"表

（1）在"第一仓库出库"表之后插入一张新的工作表，并将新工作表重命名为"第二仓库出库"。

（2）参照创建"第一仓库入库"表的方法创建图 4-46 所示的"第二仓库出库"表。

任务 7　创建"入库汇总表"

这里，我们将采用"合并计算"来汇总出所有仓库中各种产品的入库数据。

（1）在"第二仓库入库"表之后插入一张新的工作表，并将新工作表重命名为"入库汇总表"。

（2）选中 A1 单元格，将合并计算的结果从这个单元格开始填列。

（3）单击【数据】→【数据工具】→【合并计算】按钮，打开图 4-64 所示的"合并计算"对话框。

（4）在"函数"下拉列表中选择合并的方式为"求和"。

（5）添加第一个引用位置区域。

① 单击"合并计算"对话框中"引用位置"右边的按钮，切换到"第一仓库入库"工作表中，选取区域 C3:F19，如图 4-65 所示。

图 4-64　"合并计算"对话框

科源有限公司第一仓库入库明细表

编号	日期	商品编码	商品名称	规格	数量
NO-1-0001	2016-7-2	J1002	三星超薄笔记本电脑	Samsung 500R5H-Y0A 15.6英寸	5
NO-1-0002	2016-7-3	SXJ1002	JVC数码摄像机	GZ-VX855	10
NO-1-0003	2016-7-7	J1001	联想ThinkPad 超薄本	New S2 13.3英寸	8
NO-1-0004	2016-7-8	SJ1003	OPPO手机	R9 Plus	15
NO-1-0005	2016-7-8	SJ1001	华为手机	P9 3G+32G	4
NO-1-0006	2016-7-8	XJ1001	尼康相机	D7200	15
NO-1-0007	2016-7-12	XJ1002	佳能相机	EOS 60D	2
NO-1-0008	2016-7-15	SJ1002	三星手机	GALAXY S7	10
NO-1-0009	2016-7-18	YY1002	希捷移动硬盘	2.5英寸 1TB	20
NO-1-0010	2016-7-20	J1004	戴尔笔记本电脑	DELL Ins14MR-7508R 14英寸	12
NO-1-0011	2016-7-21	J1005	联想笔记本超薄电脑	Lenovo Ideapad 500s 14英寸	8
NO-1-0012	2016-7-21	J1007	惠普笔记本电脑	HP Pavilion 14-AL027TX 14英寸	10
NO-1-0013	2016-7-22	SXJ1001	索尼数码摄像机	FDR-AX30	8
NO-1-0014	2016-7-25	SJ1003	华硕变形触控超薄本	ASUS TP301UA 13.3英寸	9
NO-1-0015	2016-7-25	SJ1001	华为手机	P9 3G+32G	10
NO-1-0016	2016-7-29	YY1001	西部数据移动硬盘	WDBUZG0010BBK 1TB	7

统计日期 2016年7月　仓库主管 李莫蕾

合并计算 - 引用位置：第一仓库入库!$C$3:$F$19

图 4-65　选择第一个"引用位置"的区域

② 单击，返回到"合并计算"对话框，得到第一个"引用位置"。

③ 再单击【添加】按钮，将第一个选定的区域添加到下方"所有引用位置"中，如图 4-66 所示。

活力小贴士

如果要合并的数据是另外一个工作簿文件中的数据，则需要先使用【浏览】按钮
浏览(B)... 打开对应文件再进行区域的选择。

（6）添加第二个引用位置区域。按照上面的方法，选择"第二仓库入库"工作表中的区域 C3:F21，添加到"所有引用位置"中，如图 4-67 所示。

图 4-66　添加第一个"引用位置"区域

图 4-67　添加第二个"引用位置"区域

（7）选中"标签位置"中的【首行】和【最左列】复选框，单击【确定】按钮，完成合并计算，得到图 4-68 所示的结果。

活力小贴士

由于在进行合并计算前我们并未建立合并数据的标题行，所以这里需要选中"首行"和"最左列"作为行、列标题，这样合并结果以所引用位置的数据首行和最左列作为汇总的数据标志；相反，如果建立了合并结果的标题行和标题列，则不需要选中该选项。

（8）调整表格。将合并后不需要的"商品名称"和"规格"列删除，将"商品编码"标题添上，在适当调整列宽后得到最终效果，如图 4-47 所示。

	A	B	C	D	E
1		商品名称	规格	数量	
2	J1006			5	
3	YY1002			32	
4	J1001			26	
5	J1004			32	
6	SJ1003			27	
7	J1003			25	
8	SJ1002			17	
9	SXJ1001			11	
10	SJ1001			14	
11	XJ1001			20	
12	J1005			8	
13	J1007			18	
14	XJ1002			8	
15	YY1001			23	
16	J1002			13	
17	SXJ1002			15	
18					

图 4-68　合并计算后的入库汇总数据

任务 8　创建"出库汇总表"

（1）采用"入库汇总表"的创建方法，在"第二仓库出库"表之后插入一张新的工作表。

（2）将新工作表重命名为"出库汇总表"，汇总出所有仓库中各种产品的出库数据。结果如图 4-48 所示。

4.14.5　项目小结

本项目通过制作"商品库存管理表"，主要介绍了工作簿的创建、工作表重命名，在工作簿之间复制工作表、定义数据格式、自动填充、设置数据有效性、使用 VLOOKUP 函数导入数据。在此基础上，使用"合并计算"对多个仓库的出、入库数据进行汇总统计。

4.14.6　拓展项目

1．制作商品出入库数量比较图

商品出入库数量比较图如图 4-69 所示。

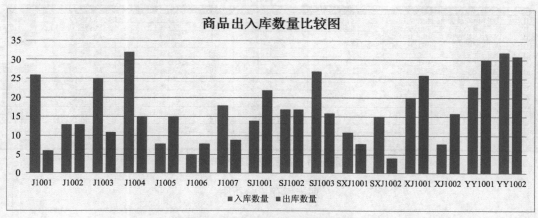

图 4-69　商品出入库数量比较图

2．制作公司出货明细单

公司出货明细单如图 4-70 所示。

委托出货号	出货地点	商品代码	个数	件数	商品内容 大分类	中分类	小分类	交货地点	保险	备注
					商品出货明细单					
					2016　年		8	月	20	日
MY07020003	4号仓库	XSQ-2	2	2				电子城	￥10	
MY07020004	2号仓库	XSQ-2	3	3				数码广场	￥10	
MY07020005	1号仓库	XSQ-3	10	10				数码广场	￥10	
MY07020006	3号仓库	mky235	10	5				1号商铺	￥10	

图 4-70　公司出货明细单

项目 15　商品进销存管理

示例文件	原始文件：示例文件\素材文件\项目 15\商品进销存管理表.xlsx
	效果文件：示例文件\效果文件\项目 15\商品进销存管理表.xlsx

4.15.1　项目背景

在一个经营性的企业中，物流部门的基本业务流程就是对产品的进销存管理的过程，产品的进货、销售和库存等各个环节直接影响到企业的发展。对企业的进销存实行信息化管理，不仅可以实现数据之间的共享，保证数据的正确性，还可以实现对数据的全面汇总和分析，促进企业的快速发展。本项目通过制作"商品进销存管理表"来介绍 Excel 软件在进销存管理方面的应用。

4.15.2　项目效果

图 4-71 所示为商品进销存汇总表，图 4-72 所示为期末库存量分析图。

商品编码	商品名称	规格	单位	期初库存量	期初库存额	本月入库量	本月入库额	本月销售量	本月销售额		期末库存量	期末库存额
				产品进销存汇总表								
J1001	联想ThinkPad 超薄本	New S2 13.3英寸	台	0	—	26	161,174	6	40,140	●	20	123,980
J1002	三星超薄笔记本电脑	Samsung 500R5H-Y0A 15.6英寸	台	4	19,592	13	63,674	13	68,887	●	4	19,592
J1003	华硕变形触控超薄本	ASUS TP301UA 13.3英寸	台	0	—	25	182,000	11	86,548	●	14	101,920
J1004	戴尔笔记本电脑	DELL Ins14MR-7508R 14英寸	台	0	—	32	134,080	15	68,400	●	17	71,230
J1005	联想笔记本超薄电脑	Lenovo Ideapad 500s 14英寸	台	7	32,760	8	37,440	15	75,870	●	0	—
J1006	宏基笔记本电脑	Acer V5-591G-53QR 15.6英寸	台	4	19,596	5	24,495	8	42,320	●	1	4,899
J1007	惠普笔记本电脑	HP Pavilion 14-AL027TX 14英寸	台	6	24,594	18	73,782	9	40,320	●	61	61,485
YY1001	西部数据移动硬盘	WDBUZG0010BBK 1TB	个	12	4,788	23	9,177	30	13,200	○	5	1,995
YY1002	希捷移动硬盘	2.5英寸 1TB	个	5	2,090	32	13,376	31	13,950	●	6	2,508
XJ1001	尼康相机	D7200	部	7	36,393	20	103,980	26	148,174	●	1	5,199
XJ1002	佳能相机	EOS 60D	部	8	35,200	8	35,200	16	76,128	●	0	—
SXJ1001	索尼数码摄像机	FDR-AX30	台	1	5,290	11	58,190	8	45,760	●	4	21,160
SXJ1002	JVC数码摄像机	GZ-VX855	台	2	7,560	15	56,700	4	16,320	●	13	49,140
SJ1001	华为手机	P9 3G+32G	部	9	26,010	14	40,460	22	70,356	●	1	2,890
SJ1002	三星手机	GALAXY S7	部	5	11,550	17	65,450	17	72,386	●	3	11,550
SJ1003	OPPO手机	R9 Plus	部	2	5,398	27	72,873	16	47,680	●	13	35,087

图 4-71　商品进销存汇总表

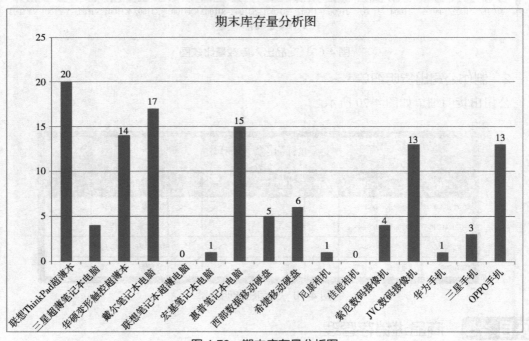

图 4-72　期末库存量分析图

4.15.3　知识与技能

- 创建工作簿、重命名工作表
- 在工作簿之间复制工作表

- VLOOKUP 函数的应用
- 公式计算
- 设置数据格式
- 条件格式的应用
- 图表的运用

4.15.4 解决方案

任务 1 创建工作簿

（1）启动 Excel 2010，新建一空白工作簿。

（2）将创建的工作簿以"商品进销存管理表"为名保存在"D:\公司文档\物流部"文件夹中。

任务 2 复制工作表

（1）打开"商品库存管理表"工作簿。

（2）按住【Ctrl】键，分别选中"商品基础资料""入库汇总表"和"出库汇总表"工作表。

（3）单击【开始】→【单元格】→【格式】按钮，打开"格式"菜单，在"组织工作表"下选择【移动或复制工作表】选项，打开图 4-73 所示的"移动或复制工作表"对话框。

（4）从"工作簿"的下拉列表中选择"商品进销存管理表"工作簿，在"下列选定工作表之前"中选择"Sheet1"工作表，再选中【建立副本】选项，如图 4-74 所示。

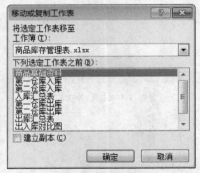

图 4-73 "移动或复制工作表"对话框

图 4-74 在工作簿之间复制工作表

（5）单击【确定】按钮，将选定的工作表"商品基础资料""入库汇总表"和"出库汇总表"复制到"商品进销存管理表"工作簿中。

任务 3 编辑"商品基础资料"工作表

（1）选择"商品基础资料"工作表。

（2）参照图 4-75 所示在"商品基础资料"工作表中添加"进货价"和"销售价"数据。

	A	B	C	D	E	F
1	商品编码	商品名称	规格	单位	进货价	销售价
2	J1001	联想ThinkPad 超薄本	New S2 13.3英寸	台	6199	6690
3	J1002	三星超薄笔记本电脑	Samsung 500R5H-Y0A 15.6英寸	台	4898	5299
4	J1003	华硕变形触控超薄本	ASUS TP301UA 13.3英寸	台	7280	7868
5	J1004	戴尔笔记本电脑	DELL Ins14MR-7508R 14英寸	台	4190	4560
6	J1005	联想笔记本超薄电脑	Lenovo Ideapad 500s 14英寸	台	4680	5058
7	J1006	宏基笔记本电脑	Acer V5-591G-53QR 15.6英寸	台	4899	5290
8	J1007	惠普笔记本电脑	HP Pavilion 14-AL027TX 14英寸	台	4099	4480
9	YY1001	西部数据移动硬盘	WDBUZG0010BBK 1TB	个	399	440
10	YY1002	希捷移动硬盘	2.5英寸 1TB	个	418	450
11	XJ1001	尼康相机	D7200	部	5199	5699
12	XJ1002	佳能相机	EOS 60D	部	4400	4758
13	SXJ1001	索尼数码摄像机	FDR-AX30	台	5290	5720
14	SXJ1002	JVC数码摄像机	GZ-VX855	台	3780	4080
15	SJ1001	华为手机	P9 3G+32G	部	2890	3198
16	SJ1002	三星手机	GALAXY S7	部	3850	4258
17	SJ1003	OPPO手机	R9 Plus	部	2699	2980

图 4-75　添加"进货价"和"销售价"数据

任务 4　创建"进销存汇总表"工作表框架

（1）将"Sheet1"工作表重命名为"进销存汇总表"。

（2）建立图 4-76 所示的"进销存汇总表"框架。

	A	B	C	D	E	F	G	H	I	J	K	L
1	产品进销存汇总表											
2	商品编码	商品名称	规格	单位	期初库存量	期初库存额	本月入库量	本月入库额	本月销售量	本月销售额	期末库存量	期末库存额
3												
4												

图 4-76　"进销存汇总表"框架

（3）从"商品基础资料"表中复制"商品编码""商品名称""规格"和"单位"数据。

① 选中"商品基础资料"表中的 A2:D17 单元格区域，单击【开始】→【剪贴板】→【复制】按钮。

② 切换到"进销存汇总表"工作表，选中 A3 单元格，按【Ctrl】+【V】组合键，将选定单元格区域内的数据粘贴到其中。

③ 适当调整表格的列宽。

（4）参照图 4-77 所示输入"期初库存量"数据。

	A	B	C	D	E	F
1	产品进销存汇总表					
2	商品编码	商品名称	规格	单位	期初库存量	期初库存额
3	J1001	联想ThinkPad 超薄本	New S2 13.3英寸	台	0	
4	J1002	三星超薄笔记本电脑	Samsung 500R5H-Y0A 15.6英寸	台	4	
5	J1003	华硕变形触控超薄本	ASUS TP301UA 13.3英寸	台	0	
6	J1004	戴尔笔记本电脑	DELL Ins14MR-7508R 14英寸	台	2	
7	J1005	联想笔记本超薄电脑	Lenovo Ideapad 500s 14英寸	台	7	
8	J1006	宏基笔记本电脑	Acer V5-591G-53QR 15.6英寸	台	4	
9	J1007	惠普笔记本电脑	HP Pavilion 14-AL027TX 14英寸	台	6	
10	YY1001	西部数据移动硬盘	WDBUZG0010BBK 1TB	个	12	
11	YY1002	希捷移动硬盘	2.5英寸 1TB	个	5	
12	XJ1001	尼康相机	D7200	部	7	
13	XJ1002	佳能相机	EOS 60D	部	8	
14	SXJ1001	索尼数码摄像机	FDR-AX30	台	1	
15	SXJ1002	JVC数码摄像机	GZ-VX855	台	2	
16	SJ1001	华为手机	P9 3G+32G	部	9	
17	SJ1002	三星手机	GALAXY S7	部	3	
18	SJ1003	OPPO手机	R9 Plus	部	2	

图 4-77　输入"期初库存量"数据

任务 5　输入和计算"进销存汇总表"中的数据

（1）计算"期初库存额"。这里，期初库存额＝期初库存量×进货价。

① 选中 F3 单元格。

② 输入公式"＝E3*商品基础资料!E2"。

③ 按【Enter】键确认，计算出相应的期初库存额。

④ 选中 F3 单元格，用鼠标拖动其填充柄至 F18 单元格，将公式复制到 F4:F18 单元格区域中，可得到所有产品的期初库存额。

活力小贴士

这里，F3 单元格所代表的是商品编码为"J1001"商品的期初库存额，之所以直接使用了公式"＝E3*商品基础资料!E2"，是因为"进销存汇总表"中的"商品编码""商品名称"等数据是从"商品基础资料"表中复制过来的，两个表的商品编码等信息是一一对应的。若两张表中的商品编码等数据顺序不一致，此时引用"进货价"数据时，需要使用 VLOOKUP 函数去"商品基础资料"表中精确查找商品编码为"J1001"商品的进货价。比如"=E3*VLOOKUP(A3,商品基础资料!\$A\$2:\$F\$17,5,0)"。

下面引用的"进货价"和"销售价"同理。

（2）导入"本月入库量"。这里，本月入库量为本月入库汇总表中的数量。

① 选中 G3 单元格。

② 插入"VLOOKUP"函数，设置图 4-78 所示的函数参数。

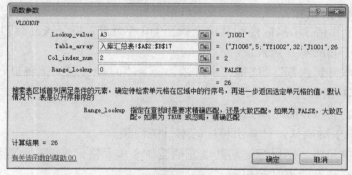

图 4-78　本月入库量的 VLOOKUP 函数参数

活力小贴士

VLOOKUP 函数参数的设置如下。

① lookup_value 为"A3"。

② table_array 为"入库汇总表!\$A\$2:\$B\$17"。即这里的"本月入库量"引用"入库汇总表"工作表中"\$A\$2:\$B\$17"单元格区域的"数量"数据。

③ col_index_num 为"2"。即为引用数据区域中"数量"数据所在的列序号。

④ range_lookup 为"0"。即函数 VLOOKUP 将返回精确匹配值。

③ 单击【确定】按钮，导入相应的本月入库量。

④ 选中 G3 单元格，用鼠标拖动其填充柄至 G18 单元格，将公式复制到 G4:G18 单元格区域中，得到所有产品的本月入库量。

（3）计算"本月入库额"。这里，本月入库额＝本月入库量×进货价。

① 选中 H3 单元格。

② 输入公式"＝G3*商品基础资料!E2"。

③ 按【Enter】键确认，计算出相应的本月入库额。

④ 选中 H3 单元格，用鼠标拖动其填充柄至 H18 单元格，将公式复制到 H4:H18 单元格区域中，得到所有产品的本月入库额。

（4）导入"本月销售量"。这里，本月销售量为本月出库汇总表中的数量。

① 选中 I3 单元格。

② 插入"VLOOKUP"函数，设置图 4-79 所示的函数参数。

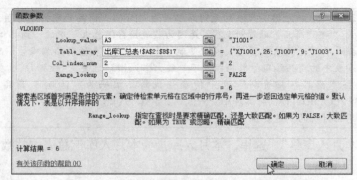

图 4-79　本月销售量的 VLOOKUP 函数参数

③ 单击【确定】按钮，导入相应的本月销售量。

④ 选中 I3 单元格，用鼠标拖动其填充柄至 I18 单元格，将公式复制到 I4:I18 单元格区域中，得到所有产品的本月销售量。

（5）计算"本月销售额"。这里，本月销售额＝本月销售量×销售价。

① 选中 J3 单元格。

② 输入公式"＝I3*商品基础资料!F2"。

③ 按【Enter】键确认，计算出相应的本月销售额。

④ 选中 J3 单元格，用鼠标拖动其填充柄至 J18 单元格，将公式复制到 J4:J18 单元格区域中，得到所有产品的本月销售额。

（6）计算"期末库存量"。这里，期末库存量＝期初库存量+本月入库量–本月销售量。

① 选中 K3 单元格。

② 输入公式"＝E3+G3–I3"。

③ 按【Enter】键确认，计算出相应的期末库存量。

④ 选中 K3 单元格，用鼠标拖动其填充柄至 K18 单元格，将公式复制到 K4:K18 单元格区域中，得到所有产品的期末库存量。

（7）计算"期末库存额"。这里，期末库存额＝期末库存量×进货价。

① 选中 L3 单元格。

② 输入公式"＝K3*商品基础资料!E2"。

③ 按【Enter】键确认，计算出相应的期末库存额。

④ 选中 L3 单元格，用鼠标拖动其填充柄至 L18 单元格，将公式复制到 L4:L18 单元格区域中，可得到所有产品的期末库存额。

编辑后的"进销存汇总表"数据如图 4-80 所示。

	A	B	C	D	E	F	G	H	I	J	K	L
1	产品进销存汇总表											
2	商品编码	商品名称	规格	单位	期初库存量	期初库存额	本月入库量	本月入库额	本月销售量	本月销售额	期末库存量	期末库存额
3	J1001	联想ThinkPad 超薄本	New S2 13.3英寸	台	0		26	161174	6	40140	20	123980
4	J1002	三星超薄笔记本电脑	Samsung 500R5H-Y0A 15.6英寸	台	4	19592	13	63674	13	68887	4	19592
5	J1003	华硕变形触控超薄本	ASUS TP301UA 13.3英寸	台	0		25	182000	11	86548	14	101920
6	J1004	戴尔笔记本电脑	DELL Ins14MR-7508R 14英寸	台	0		32	134080	15	68400	17	71230
7	J1005	联想笔记本超薄电脑	Lenovo Ideapad 500s 14英寸	台	7	32760	8	37440	15	75870	0	
8	J1006	宏碁笔记本电脑	Acer V5-591G-53QR 15.6英寸	台	4	19596	5	24495	8	42320	1	4899
9	J1007	惠普笔记本电脑	HP Pavilion 14-AL027TX 14英寸	台	6	24594	18	73782	9	40320	15	61485
10	YY1001	西部数据移动硬盘	WDBUZG0010BBK 1TB	个	12	4788	23	9177	30	13200	5	1995
11	YY1002	希捷移动硬盘	2.5英寸 1TB	个	5	2090	32	13376	31	13950	6	2508
12	XJ1001	尼康相机	D7200	部	7	36393	20	103980	26	148174	1	5199
13	XJ1002	佳能相机	EOS 60D	部	8	35200	8	35200	16	76128	0	
14	SXJ1001	索尼数码摄像机	FDR-AX30	台	1	5290	11	58190	8	45760	4	21160
15	SXJ1002	JVC数码摄像机	GZ-VX855	台	2	7560	15	56700	4	16320	13	49140
16	SJ1001	华为手机	P9 3G+32G	部	9	26010	14	40460	22	70356	1	2890
17	SJ1002	三星手机	GALAXY S7	部	3	11550	17	65450	17	72386	3	11550
18	SJ1003	OPPO手机	R9 Plus	部	2	5398	27	72873	16	47680	13	35087

图 4-80　编辑后的"进销存汇总表"数据

任务 6　设置"进销存汇总表"格式

（1）设置表格标题格式。将表格标题进行合并后居中，字体设置为宋体、18 磅、加粗，设置行高为 30。

（2）将表格标题字段设置为加粗、居中，并将字体设置为白色，添加"橄榄色，强调文字颜色 3，深色 25%"的底纹。

（3）为表格 A2:L18 单元格区域添加内细外粗的边框。

（4）将"单位""期初库存量""本月入库量""本月销售量"和"期末库存量"的数据列设置为居中对齐。

（5）将"期初库存额""本月入库额""本月销售额"和"期末库存额"的数据设置"会计专用"格式，且无"货币符号"，"小数位数"为 0。

格式化后的表格如图 4-81 所示。

	A	B	C	D	E	F	G	H	I	J	K	L
1	**产品进销存汇总表**											
2	**商品编码**	**商品名称**	**规格**	**单位**	**期初库存量**	**期初库存额**	**本月入库量**	**本月入库额**	**本月销售量**	**本月销售额**	**期末库存量**	**期末库存额**
3	J1001	联想ThinkPad 超薄本	New S2 13.3英寸	台	0	-	26	161,174	6	40,140	20	123,980
4	J1002	三星超薄笔记本电脑	Samsung 500R5H-Y0A 15.6英寸	台	4	19,592	13	63,674	13	68,887	4	19,592
5	J1003	华硕变形触控超薄本	ASUS TP301UA 13.3英寸	台	0	-	25	182,000	11	86,548	14	101,920
6	J1004	戴尔笔记本电脑	DELL Ins14MR-7508R 14英寸	台	0	-	32	134,080	15	68,400	17	71,230
7	J1005	联想笔记本超薄电脑	Lenovo Ideapad 500s 14英寸	台	7	32,760	8	37,440	15	75,870	0	-
8	J1006	宏碁笔记本电脑	Acer V5-591G-53QR 15.6英寸	台	4	19,596	5	24,495	8	42,320	1	4,899
9	J1007	惠普笔记本电脑	HP Pavilion 14-AL027TX 14英寸	台	6	24,594	18	73,782	9	40,320	15	61,485
10	YY1001	西部数据移动硬盘	WDBUZG0010BBK 1TB	个	12	4,788	23	9,177	30	13,200	5	1,995
11	YY1002	希捷移动硬盘	2.5英寸 1TB	个	5	2,090	32	13,376	31	13,950	6	2,508
12	XJ1001	尼康相机	D7200	部	7	36,393	20	103,980	26	148,174	1	5,199
13	XJ1002	佳能数码摄像机	EOS 60D	部	8	35,200	8	35,200	16	76,128	0	-
14	SXJ1001	索尼数码摄像机	FDR-AX30	台	1	5,290	11	58,190	8	45,760	4	21,160
15	SXJ1002	JVC数码摄像机	GZ-VX855	台	2	7,560	15	56,700	4	16,320	13	49,140
16	SJ1001	华为手机	P9 3G+32G	部	9	26,010	14	40,460	22	70,356	1	2,890
17	SJ1002	三星手机	GALAXY S7	部	3	11,550	17	65,450	17	72,386	3	11,550
18	SJ1003	OPPO手机	R9 Plus	部	2	5,398	27	72,873	16	47,680	13	35,087

图 4-81　格式化后的"进销存汇总表"

任务 7　突出显示"期末库存量"和"期末库存额"

为了更方便地了解库存信息，我们可以为相应的期末库存量和期末库存额设置条件格式，根据库存量和库存额的不同等级设置不同标识。如：使用三色交通灯图标集标记期末库存量，使用浅蓝色渐变数据条标记期末库存额。

（1）设置期末库存量条件格式。

① 选中 K3:K18 单元格区域。

② 单击【开始】→【样式】→【条件格式】按钮，打开"条件格式"菜单。

③ 从"条件格式"菜单中选择图 4-82 所示的【图标集】→【形状】→【三色交通灯

（无边框）】选项。

（2）设置期末库存额条件格式。

① 选中 L3:L18 单元格区域。

② 单击【开始】→【样式】→【条件格式】按钮，打开"条件格式"菜单。

③ 从"条件格式"菜单中选择图 4-83 所示的【数据条】→【渐变填充】→【浅蓝色数据条】选项。

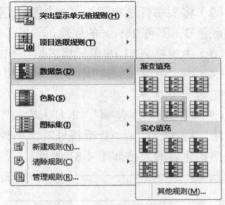

图 4-82　"图标集"子菜单　　　　　　　　　图 4-83　"数据条"子菜单

完成条件格式设置后的"进销存汇总表"的效果如图 4-84 所示。

商品编码	商品名称	规格	单位	期初库存量	期初库存额	本月入库量	本月入库额	本月销售量	本月销售额	期末库存量	期末库存额
		产品进销存汇总表									
J1001	联想ThinkPad 超薄本	New S2 13.3英寸	台	0	—	26	161,174	6	40,140	20	123,980
J1002	三星超薄笔记本电脑	Samsung 500R5H-Y0A 15.6英寸	台	4	19,592	13	63,674	13	68,887	4	19,592
J1003	华硕变形触控超薄本	ASUS TP301UA 13.3英寸	台	0	—	25	182,000	11	86,548	14	101,920
J1004	戴尔笔记本电脑	DELL Ins14MR-7508R 14英寸	台	0	—	32	134,080	15	68,400	17	71,230
J1005	联想笔记本超薄电脑	Lenovo Ideapad 500s 14英寸	台	7	32,760	8	37,440	15	75,870	0	—
J1006	宏碁笔记本电脑	Acer V5-591G-53QR 15.6英寸	台	4	19,596	5	24,495	8	42,320	1	4,899
J1007	惠普笔记本电脑	HP Pavilion 14-AL027TX 14英寸	台	6	24,594	18	73,782	9	40,320	15	61,485
YY1001	西部数据移动硬盘	WDBUZG0010BBK 1TB	个	12	4,788	23	9,177	30	13,200	5	1,995
YY1002	希捷移动硬盘	2.5英寸 1TB	个	5	2,090	32	13,376	31	13,950	6	2,508
XJ1001	尼康相机	D7200	部	7	36,393	20	103,980	26	148,174	1	5,199
XJ1002	佳能相机	EOS 60D	部	8	35,200	8	35,200	16	76,128	0	—
SXJ1001	索尼数码摄像机	FDR-AX30	台	1	5,290	11	58,190	8	45,760	4	21,160
SXJ1002	JVC数码摄像机	GZ-VX855	台	2	7,560	15	56,700	4	16,320	13	49,140
SJ1001	华为手机	P9 3G+32G	部	9	26,010	14	40,460	22	70,356	1	2,890
SJ1002	三星手机	GALAXY S7	部	3	11,550	17	65,450	17	72,386	3	11,550
SJ1003	OPPO手机	R9 Plus	部	27	5,398	27	72,873	16	47,680	13	35,087

图 4-84　用"条件格式"设置后的"进销存汇总表"的效果

活力
小贴士

设置完条件格式后，可选择"条件格式"菜单中的【管理规则】命令，打开"条件格式规则管理器"对话框，查看和管理设置的规则，图 4-85 所示为定义的"期末库存量"的条件格式规则。

图 4-85 "条件格式规则管理器"对话框

（3）修改"期末库存量"的条件格式。

从图 4-83 可知，添加的三色交通灯颜色是由系统按数据范围自动分配的，这里我们可以自行定义不同数据范围的颜色，比如：期末库存量大于 10 用红色、5～10 之间用黄色，小于 5 用绿色。

① 选中 K3:K18 单元格区域。

② 单击【开始】→【样式】→【条件格式】按钮，打开"条件格式"菜单。

③ 从"条件格式"菜单中选择【管理规则】命令，打开图 4-86 所示的期末库存量的"条件格式规则管理器"对话框。

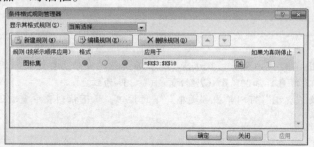

图 4-86 期末库存量的"条件格式规则管理"对话框

④ 单击【编辑规则】按钮，打开图 4-87 所示的"编辑格式规则"对话框。

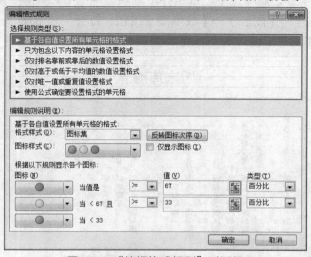

图 4-87 "编辑格式规则"对话框

⑤ 按图 4-88 所示编辑图标颜色和值的类型。即期末库存量大于 10 用红色、5～10 之间用黄色，小于 5 用绿色。

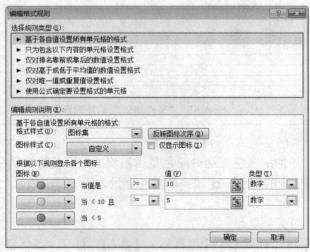

图 4-88　编辑图标颜色和值

⑥ 单击【确定】按钮，返回"条件格式规则管理器"对话框，再单击【确定】，完成条件格式的修改。

活力
小贴士

由图 4-87 可以看出，默认情况下，系统是按百分比类型进行三色交通灯颜色分配的，如≥67%为绿色、≥33%且<67%为黄色、<33%为红色。

修改"类型"可以单击"类型"下拉按钮，从下拉列表中重新选择。

任务 8　制作"期末库存量分析图"

（1）按住【Ctrl】键，同时选中"进销存汇总表"中的 B2:B18 和 K2:K18 单元格区域。

（2）单击【插入】→【图表】→【柱形图】按钮，打开"柱形图"下拉列表，选择"二维柱形图"中的"簇状柱形图"类型，生成图 4-89 所示的图表。

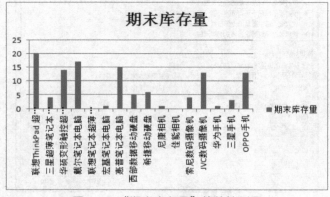

图 4-89　"期末库存量"簇状柱形图

（3）选中图表中的图例，按【Delete】键删除图例。

（4）添加数据标签。

① 选中图表，单击【图表工具】→【布局】→【标签】→【数据标签】按钮，打开图 4-90 所示的"数据标签"下拉菜单。

② 选择【其他数据标签选项】命令，打开"设置数据标签格式"对话框。

③ 在"标签选项"中，选中"标签包括"组中的【值】复选框，再勾选"标签位置"为【数据标签外】单选按钮，如图 4-91 所示。

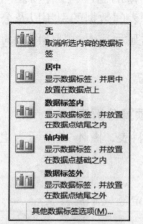

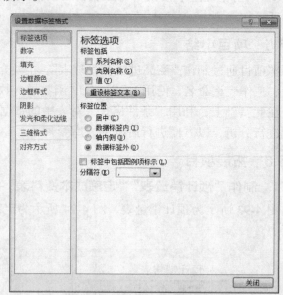

图 4-90　"数据标签"下拉菜单　　　　图 4-91　"设置数据标签格式"对话框

④ 单击【确定】按钮，为图表添加图 4-92 所示的数据标签。

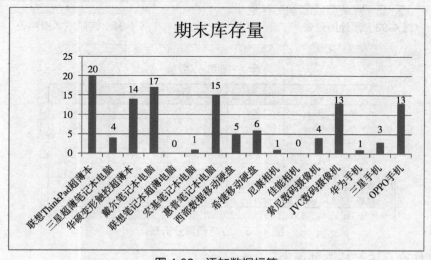

图 4-92　添加数据标签

（5）修改图表标题为"期末库存量分析图"。

（6）移动图表位置。

① 选中图表。

② 单击【图表工具】→【设计】→【位置】→【移动图表】按钮，打开"移动图表"对话框。

③ 单击选中【新工作表】单选按钮，在右侧的文本框中将默认的"Chart1"工作表名称修改为"期末库存量分析图"。

④ 单击【确定】按钮，将图表移动到新工作表"期末库存量分析图"中，效果如图4-72 所示。

4.15.5　项目小结

本项目通过制作"商品进销存管理表"，主要介绍了工作簿的创建、工作簿之间复制工作表、工作表重命名，使用 VLOOKUP 函数导入数据，工作表间数据的引用以及公式的使用。在此基础上，利用"条件格式"对表中的数据进行突出显示，通过制作图表对期末库存量进行分析，以方便进行后续的入库管理。

4.15.6　拓展项目

1．制作"预计销量表""定额成本资料表"和"生产预算分析表"

图 4-93 所示为预计销量表，图 4-94 所示为定额成本资料表，图 4-95 所示为生产预算分析表。

预计销售表		
时间	销售量（件）	销售单价（元）
第一季度	1900	￥105.00
第二季度	2700	￥105.00
第三季度	3500	￥105.00
第四季度	2500	￥105.00

图 4-93　预计销量表

定额成本资料表	
项目	数值
单位产品材料消耗定额（Kg）	1.8
单位产品定时定额（工作时间）	5.5
单位工作时间的工资率（元）	5.8

图 4-94　定额成本资料表

生产预算分析表				
项目	第一季度	第二季度	第三季度	第四季度
预计销售量（件）	1900	2700	3500	2500
预计期末存货量	405	525	375	250
预计需求量	2305	3225	3875	2750
期初存货量	320	405	525	375
预计产量	1985	2820	3350	2375
直接材料消耗（Kg）	3573	5076	6030	4275
直接人工消耗（小时）	10917.5	15510	18425	13062.5

图 4-95　生产预算分析表

2．制作产品生产成本预算表

图 4-96 所示为主要产品单位成本表，图 4-97 所示为产品生产成本表。

主要产品单位成本表

编制	张林		时间	2016年8月22日	
产品名称	音响	本月实际产量	1000	本年计划产量	12000
规格	mky230-240	本年累计实际产量	11230	上年同期实际产量	8000
计量单位	对	销售单价	¥100.00	上年同期销售单价	¥105.00
成本项目	历史先进水平	上年实际平均	本年计划	本月实际	本年累计实际平均
直接材料	¥14.00	¥15.50	¥15.00	¥15.00	¥15.10
其中，原材料	¥14.00	¥15.50	¥15.00	¥15.00	¥15.10
燃料及动力	¥0.50	¥0.70	¥0.70	¥0.70	¥0.70
直接人工	¥2.00	¥2.50	¥2.50	¥2.40	¥2.45
制造费用	¥1.00	¥1.10	¥1.00	¥1.00	¥1.00
产品生产成本	¥17.50	¥19.80	¥19.20	¥19.10	¥19.25

主要产品单位成本表 / 总体产品单位成本表 / Sheet3

图 4-96　主要产品单位成本表

产品生产成本表

编制	张林	时间	2016-8-23
项目	上年实际	本月实际	本年累计实际
生产费用			
直接材料	¥800,000.00	¥70,000.00	¥890,000.00
其中原材料	¥800,000.00	¥70,000.00	¥890,000.00
燃料及动力	¥20,000.00	¥2,000.00	¥21,000.00
直接人工	¥240,000.00	¥20,000.00	¥200,000.00
制造费用	¥200,000.00	¥1,800.00	¥210,000.00
生产费用合计	¥1,260,000.00	¥93,800.00	¥1,321,000.00
加：在产品、自制半成品期初余额	¥24,000.00	¥2,000.00	¥24,500.00
减：在产品、自制半成品期末余额	¥22,000.00	¥2,000.00	¥22,500.00
产品生产成本合计	¥1,262,000.00	¥93,800.00	¥1,323,000.00
减：自制设备	¥2,000.00	¥120.00	¥2,100.00
减：其他不包括在商品产品成本中的生产费用	¥5,000.00	¥200.00	¥5,450.00
商品产品总成本	¥1,255,000.00	¥93,480.00	¥1,315,450.00

主要产品单位成本表 / 总体产品单位成本表 / Sheet3

图 4-97　产品生产成本表

项目 16　物流成本核算

示例文件	
	原始文件：示例文件\素材文件\项目 16\物流成本核算表.xlsx
	效果文件：示例文件\效果文件\项目 16\物流成本核算表.xlsx

4.16.1　项目背景

随着公司的发展和物流业务的增加，公司中各环节成本的核算也显得尤为重要。物流成本核算主要用于对物流各环节的成本进行统计和分析，物流成本核算一般可对半年度、季度或月度等期间的物流成本进行核算。本项目将通过制作公司第三季度“物流成本核算表”，学习 Excel 在物流成本核算方面的应用。

4.16.2　项目效果

图 4-98 所示为物流本成核算表。

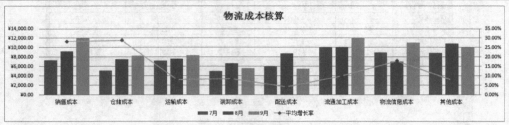

图 4-98　物流成本核算表

4.16.3　知识与技能

- 创建并保存工作簿
- 利用公式进行计算
- 设置数据格式
- 绘制斜线表头
- 创建和编辑图表
- 制作组合型图表

4.16.4　解决方案

任务 1　创建并保存工作簿

（1）启动 Excel 2010，新建一空白工作簿。

（2）将创建的工作簿以"物流成本核算表"为名保存在"D:\公司文档\物流部"文件夹中。

任务 2　创建"物流成本核算表"

（1）选中 Sheet1 工作表的 A1:E1 单元格区域，设置"合并后居中"，并输入标题"第三季度物流成本核算表"。

（2）制作表格框架。

① 先在 A2 单元格中输入"月份"，然后按【Alt】+【Enter】组合键，再输入"项目"。

② 按图 4-99 所示输入表格的基础数据，并适当调整表格列宽。

月份\项目	7月	8月	9月	平均增长率
第三季度物流成本核算表				
销售成本	7300	9200	12000	
仓储成本	5100	7500	8300	
运输成本	7200	7600	8400	
装卸成本	5000	6600	5600	
配送成本	6000	8700	5500	
流通加工成本	10000	10100	12000	
物流信息成本	8900	7000	11000	
其他成本	8800	10800	10000	

图 4-99　"第三季度物流成本核算表"框架

任务3 计算成本平均增长率

（1）选中 E3 单元格。

（2）输入公式 "=((C3−B3)/B3+(D3−C3)/C3)/2"，按【Enter】键确认。

（3）选中 E3 单元格，用鼠标拖曳填充柄至 E10 单元格，将公式复制到 E4:E10 单元格区域中。

计算结果如图 4-100 所示。

	A	B	C	D	E
1	第三季度物流成本核算表				
2	月份 项目	7月	8月	9月	平均增长率
3	销售成本	7300	9200	12000	0.2823109
4	仓储成本	5100	7500	8300	0.28862745
5	运输成本	7200	7600	8400	0.08040936
6	装卸成本	5000	6600	5600	0.08424242
7	配送成本	6000	8700	5500	0.04109195
8	流通加工成本	10000	10100	12000	0.09905941
9	物流信息成本	8900	7000	11000	0.17897271
10	其他成本	8800	10800	10000	0.07659933

图 4-100 计算平均增长率

**活力
小贴士**

公式 "=((C3−B3)/B3+(D3−C3)/C3)/2" 说明如下。

① "(C3−B3)/B3" 表示 8 月在 7 月基础上的增长率。

② "(D3−C3)/C3" 表示 9 月在 8 月基础上的增长率。

③ (C3−B3)/B3+(D3−C3)/C3)/2 表示 8 月、9 月的平均增长率。

任务4 美化 "物流成本核算表"

（1）设置表格标题字体为隶书、18 磅。

（2）设置 B2:E2 单元格区域的字段标题为宋体、12 磅、加粗、居中。

（3）设置 A3:A10 单元格区域的字段标题为宋体、11 磅、加粗。

（4）选中 B3:D10 单元格区域，设置数据格式为 "货币"，保留货币符号，小数位数为两位。

（5）设置 "平均增长率" 为百分比格式，保留两位小数。

① 选中 E3:E10 单元格区域。

② 单击【开始】→【数字】→【设置单元格格式：数字】按钮，打开 "设置单元格格式" 对话框。

③ 在左侧的分类列表框中选择 "百分比" 类型，在右侧设置小数位数为 "2"，如图 4-101 所示。

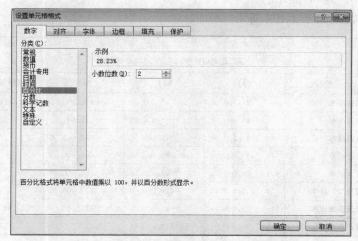

图 4-101 设置 "平均增长率" 的数据格式

④ 单击【确定】按钮。

（6）设置表格边框。

① 选中 A2:E10 单元格区域，单击【开始】→【字体】→【边框】按钮，从下拉列表中选择"所有框线"。

② 选中 A2 单元格，单击【开始】→【数字】→【设置单元格格式：数字】按钮，打开"设置单元格格式"对话框。切换到"边框"选项卡，在"边框"栏中单击⬂按钮，如图 4-102 所示，单击【确定】按钮。

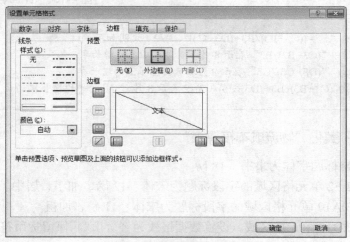

图 4-102　设置表格边框线

（7）调整表格行高和列宽。

① 设置表格第 1 行的行高为 35。

② 设置表格第 3～10 行的行高为 25。

③ 适当增加表格各列的列宽。

（8）调整斜线表头的格式。鼠标双击 A2 单元格，将光标移至"月份"之前，适当增加空格，使"月份"靠右显示。

设置完成的效果如图 4-103 所示。

	7月	8月	9月	平均增长率
第三季度物流成本核算表				
项目 月份	7月	8月	9月	平均增长率
销售成本	¥7,300.00	¥9,200.00	¥12,000.00	28.23%
仓储成本	¥5,100.00	¥7,500.00	¥8,300.00	28.86%
运输成本	¥7,200.00	¥7,600.00	¥8,400.00	8.04%
装卸成本	¥5,000.00	¥6,600.00	¥5,600.00	8.42%
配送成本	¥6,000.00	¥8,700.00	¥5,500.00	4.11%
流通加工成本	¥10,000.00	¥10,100.00	¥12,000.00	9.91%
物流信息成本	¥8,900.00	¥7,000.00	¥11,000.00	17.90%
其他成本	¥8,800.00	¥10,800.00	¥10,000.00	7.66%

图 4-103　美化"物流成本预算表"

任务 5 制作 9 月份物流成本饼图

（1）按住【Ctrl】键，同时选中 A2:A10 及 D2:D10 单元格区域。

（2）单击【插入】→【图表】→【饼图】按钮，打开"饼图"下拉列表，选择"三维饼图"中的"分离性三维饼图"类型，生成图 4-104 所示的图表。

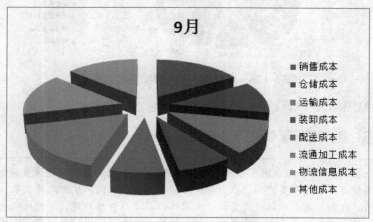

图 4-104 分离性三维饼图

（3）修改图表标题为"9 月份物流成本"。

（4）为图表添加数据标签。

① 选中图表，单击【图表工具】→【布局】→【标签】→【数据标签】按钮，打开"数据标签"下拉菜单，选择【其他数据标签选项】命令，打开"设置数据标签格式"对话框。

② 在"标签选项"中，选中"标签包括"组中的【值】、【百分比】、【显示引导线】复选框，再选中"标签位置"为【数据标签外】单选按钮，如图 4-105 所示。

图 4-105 设置数据标签格式

③ 单击【确定】按钮，为图表添加数据标签，如图 4-106 所示。

图 4-106　完成后的 9 月份物流成本饼图

④ 适当调整图标大小后将图表移至数据表右侧。

任务 6　制作第三季度物流成本组合图表

在 Excel 中，组合图表并不是默认的图表类型，而是需要通过设置后创建的一种将两种或两种以上的图表类型组合在一起，以便在两个数据间产生对比的效果，方便对数据进行分析。比如：想要比较交易量的分配价格，或者销售量的税，或者失业率和消费指数等。要快速且清晰地显示不同类型的数据，绘制一些在不同坐标轴上带有不同图表类型的数据系列对此是很有帮助的。

**活力
小贴士**

（1）选中 A2:E10 单元格区域。

（2）单击【插入】→【图表】→【柱形图】按钮，打开"柱形图"下拉列表，选择"二维柱形图"中的"簇状柱形图"类型，生成图 4-107 所示的图表。

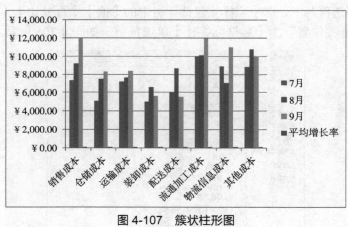

图 4-107　簇状柱形图

（3）修改图表布局。

选中图表，单击【图表工具】→【设计】→【图标布局】→【布局 3】选项，修改图表布局。

（4）将图表标题修改为"物流成本核算"。

（5）调整图标的位置和大小。

① 选中图表。

② 将鼠标移至图表上的图标区，当鼠标指针呈"⊹"状时，将图表移至数据表下方位置。

③ 适当增加图表大小，如图 4-108 所示。

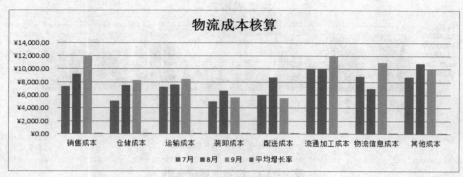

图 4-108 调整后的图表

（6）创建两轴线组合图。

活力
小贴士

从图 4-107 可见，由于图表中的"7月""8月"和"9月"数据系列表示的数据为各项物流成本金额，而"平均增长率"数据为各项物流成本的增长率。一种数据是货币型，另一种是百分比，不同类型的数据在同一坐标轴上，使得"平均增长率"几乎贴近 0 刻度线，无法直观地展示出来。此时需要创建两轴线组合图来显示该数据系列。

① 选中图表。

② 单击【图表工具】→【布局】→【当前所选内容】→【图表元素】下拉按钮，从打开的下拉列表中选择【系列"平均增长率"】选项。

③ 再单击【设置所选内容】命令按钮，打开"设置数据系列格式"对话框。

④ 在"系列选项"中，单击"系列绘制在"栏中的【次坐标轴】单选按钮，如图 4-109 所示。

图 4-109 "设置数据系列格式"对话框

⑤ 单击【关闭】按钮，返回 Excel 工作表，此时该数据系列将显示在原来数据系列的最前方，其图表类型为"柱形"，如图 4-110 所示，保持该数据系列的选中状态。

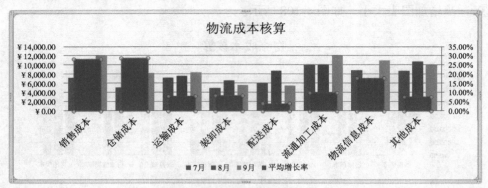

图 4-110　设置次要坐标轴

⑥ 单击【图表工具】→【设计】→【类型】→【更改图表类型】按钮，打开"更改图表类型"对话框，选择"折线图"中的"带数据点标记的折线图"类型，如图 4-111 所示。

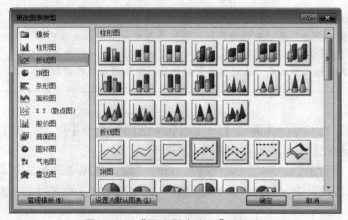

图 4-111　"更改图表类型"对话框

⑦ 单击【确定】按钮，将"平均增长率"数据系列类型修改为"带数据点标记的折线图"，如图 4-112 所示。

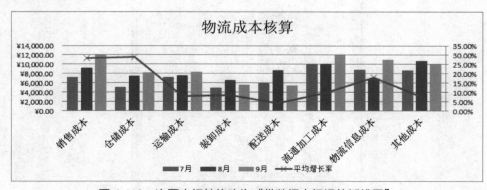

图 4-112　次要坐标轴修改为"带数据点标记的折线图"

⑧ 修改折线图格式。在折线图系列上双击鼠标，打开"设置数据系列格式"对话框，选择"数据标记选项"，单击"数据标记类型"中的【内置】单选按钮，再从"类型"下拉列表中选择菱形标记"◆"，如图 4-113 所示；切换到"线条颜色"选项，单击【实线】单选按钮，再从颜色列表中选择"橙色"，如图 4-114 所示，单击【关闭】按钮，完成修改，效果如图 4-115 所示。

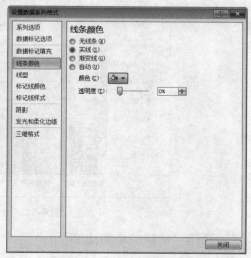

图 4-113　设置"数据标记选项"　　　　图 4-114　设置"线条颜色"

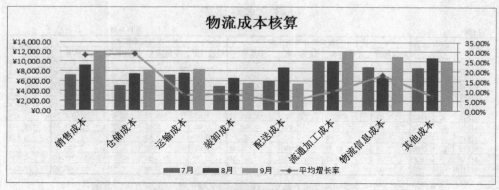

图 4-115　第三季度物流成本组合图表

（7）取消显示"编辑栏"和"网格线"。

4.16.5　项目小结

本项目通过制作"物流成本核算"，主要介绍了工作簿的创建、公式的计算、设置数据格式、绘制斜线表头等基本操作。在此基础上，通过制作"饼图""柱形图"和"折线图"组合图表，对表中的数据进行了分析。

4.16.6　拓展项目

1．制作"成本费用预算表"

成本费用预算表如图 4-116 所示。

成本费用预算表

	上年实际	本年预算	增减额	增减率（%）
主营业务成本	¥5,000,000	¥5,400,000	¥400,000	8.0%
销售费用	¥5,000,000	¥5,450,000	¥450,000	9.0%
管理费用	¥7,000,000	¥7,250,000	¥250,000	3.6%
财务费用	¥11,000,000	¥12,500,000	¥1,500,000	13.6%

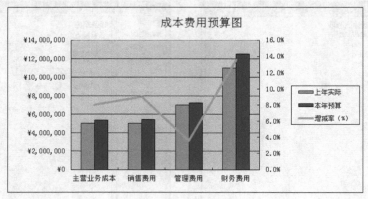

图 4-116　成本费用预算表

2．制作"材料成本对比表"

图 4-117 所示为材料成本对比表。

材料成本对比表

日期： 2016-8-31　　　　　　　　　　　　　　　　　　　　　　　　　　**本月产量：** 160

名称	单位	单价	按上年同期耗量计算的成本				本月实际成本				成本降低率
			单位耗量	单位成本	总消耗量	总成本	单位耗量	单位成本	总消耗量	总成本	
原材料：				2,056.30		329,008.00		1,894.82		303,170.90	7.85%
材料1	个	100	0.27	27.04	43.20	4,326.08	0.25	25.09	40.15	4,014.70	7.20%
材料2	件	200	0.36	72.15	57.60	11,543.52	0.32	63.77	51.02	10,203.20	11.61%
材料3	个	300	0.48	153.02	76.80	24,483.52	0.44	131.65	70.22	21,064.50	13.96%
材料4	套	800	0.29	246.69	46.40	39,470.56	0.28	224.74	44.95	35,957.60	8.90%
材料5	套	600	1.49	928.35	237.92	148,535.52	1.43	856.73	228.46	137,076.00	7.72%
材料6	件	100	0.05	5.03	7.68	804.32	0.05	5.17	8.28	827.70	-2.91%
材料7	件	300	0.01	2.42	1.60	386.88	0.01	2.40	1.28	384.30	0.67%
材料8	套	1000	0.02	18.26	2.99	2,921.44	0.02	16.05	2.57	2,568.00	12.10%
材料9	个	1500	0.47	602.80	75.20	96,447.36	0.38	568.82	60.67	91,011.00	5.64%
材料10	个	300	0.00	0.56	0.21	88.80	0.00	0.40	0.21	63.90	28.04%

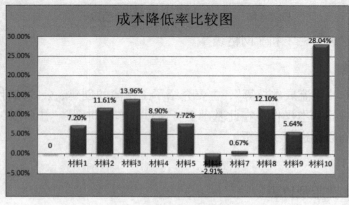

图 4-117　材料成本对比表

第 5 篇 财务篇

企业在经营管理中，都会涉及对财务相关数据的处理。在处理财务数据的过程中，可以使用专用的财务软件来完成日常工作和管理，也可以借助 Excel 软件来完成相应的工作。本篇以财务部门工作中经常使用的几种表格及数据处理方式为例，介绍 Excel 软件在财务管理方面的应用。

项目 17 投资决策分析

示例文件	原始文件：示例文件\素材文件\项目 17\投资决策分析.xlsx
	效果文件：示例文件\效果文件\项目 17\投资决策分析.xlsx

5.17.1 项目背景

企业在项目投资的过程中，通常需要贷款来加大资金的周转量。进行投资项目的贷款分析，可使项目的决策者更直观地了解贷款和经营情况，以分析项目的可行性。

利用长期贷款基本模型，财务部门在对投资项目的贷款进行分析时，可以根据不同的贷款金额、贷款年利率、贷款年限、每年还款期数中任意一个或几个因素的变化，分析每期偿还金额的变化，从而为公司管理层制定决策提供相应依据。本项目通过制作"投资决策分析"来介绍 Excel 中的财务函数及模拟运算表在财务预算和分析方面的应用。

本案例中，某公司准备购进一批设备，需要资金 120 万元；现需向银行贷款部分资金，年利率假设为 4.9%，采取每月等额还款的方式。现需要分析不同贷款数额（100 万元、90 万元、80 万元、70 万元、60 万元以及 50 万元），不同还款期限（5 年、8 年、10 年和 15 年）下对应的每月应还贷款金额。

5.17.2 项目效果

图 5-1 所示为投资决策分析表。

	A	B	C	D	E	F	G
1					单变量模拟运算表		
2		贷款金额	1000000		贷款金额	每月偿还金额	
3		贷款年利率	4.90%		1000000	¥-18,825.45	
4		贷款年限	5		900000	¥-16,942.91	
5		每年还款期数	12		800000	¥-15,060.36	
6		总还款期数	60		700000	¥-13,177.82	
7		每月偿还金额	¥-18,825.45		600000	¥-11,295.27	
8					500000	¥-9,412.73	
9							
10			双变量模拟运算表				
11	每月偿还金额	¥-18,825.45	60	96	120	180	
12		1000000	¥-18,825.45	¥-12,612.37	¥-10,557.74	¥-7,855.94	
13		900000	¥-16,942.91	¥-11,351.13	¥-9,501.97	¥-7,070.35	
14	贷款金额	800000	¥-15,060.36	¥-10,089.89	¥-8,446.19	¥-6,284.75	
15		700000	¥-13,177.82	¥-8,828.66	¥-7,390.42	¥-5,499.16	
16		600000	¥-11,295.27	¥-7,567.42	¥-6,334.64	¥-4,713.57	
17		500000	¥-9,412.73	¥-6,306.18	¥-5,278.87	¥-3,927.97	
18							
19							

图 5-1 投资决策分析表

5.17.3　知识与技能

- 工作簿的创建
- 工作表重命名
- 公式的使用
- 函数 PMT 的使用
- 模拟运算表
- 工作表格式的设置

5.17.4　解决方案

任务 1　创建工作簿和重命名工作表

（1）启动 Excel 2010，新建一空白工作簿。

（2）将创建的工作簿以"投资决策分析"为名保存在"D:\公司文档\财务部"文件夹中。

（3）将"投资决策分析"工作簿中的 Sheet1 工作表重命名为"贷款分析表"。

任务 2　创建"投资贷款分析表"结构

（1）如图 5-2 所示，输入贷款分析的基本数据。

（2）计算"总还款期数"。

① 选中 C6 单元格。

② 输入公式 "= C4*C5"。

③ 按【Enter】键确认，计算出"总还款期数"。

图 5-2　贷款分析表的基本数据

任务 3　计算"每月偿还金额"

（1）选中 C7 单元格。

（2）单击编辑栏上的"插入函数"按钮 *fx*，打开"插入函数"对话框。

（3）在【插入函数】对话框中选择"PMT"函数，打开"函数参数"对话框。

（4）在"函数参数"对话框中输入图 5-3 所示的 PMT 函数参数。

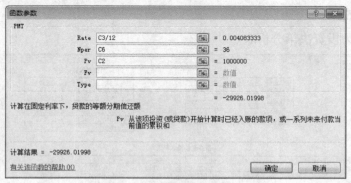

图 5-3　PMT 函数参数

（5）单击【确定】按钮，计算出给定条件下的"每月偿还金额"，如图 5-4 所示。

	A	B	C	D
1				
2		贷款金额	1000000	
3		贷款年利率	4.90%	
4		贷款年限	5	
5		每年还款期数	12	
6		总还款期数	60	
7		每月偿还金额	¥-18,825.45	
8				

图 5-4　计算"每月偿还金额"

活力小贴士

PMT 函数基于固定利率及等额分期付款方式，返回贷款的每期付款额。

Excel 中的财务分析函数可以解决很多专业的财务问题，如投资函数可以完成投资分析方面的相关计算，包含 PMT、PPMT、PV、FV、XNPV、NPV、IMPT、NPER 等；折旧函数可以完成累计折旧相关计算，包含 DB、DDB、SLN、SYD、VDB 等；计算偿还率的函数可计算投资的偿还类数据，包含 RATE、IRR、MIRR 等；债券分析函数可进行各种类型的债券分析，包含 DOLLAR/RMB、DOLARDE、DOLLARFR 等。

语法：PMT(rate,nper,pv,fv,type)

参数说明如下。

① rate 为各期利率。例如，如果按 10% 的年利率贷款，并按月偿还贷款，则月利率为 10%/12（即 0.83%）。

② nper 为该项贷款的付款总数。

③ pv 为现值，或一系列未来付款的当前值的累积和，也称为本金。

④ fv 为未来值，或在最后一次付款后希望得到的现金余额，如果省略 fv，则假设其值为零，也就是一笔贷款的未来值为零。

⑤ type 为数字 0 或 1，用以指定各期的付款时间是在期初还是期末。

应注意 rate 和 nper 单位的一致性。例如，同样是四年期年利率为 12% 的贷款，如果按月支付，rate 应为 12%/12；nper 应为 4*12；如果按年支付，rate 应为 12%，nper 为 4。

任务 4　计算不同"贷款金额"的"每月偿还金额"

这里，设定贷款数额分别为 100 万元、90 万元、80 万元、70 万元、60 万元以及 50 万元，还款期限分别为 5 年，贷款利率为 4.9%，可以使用单变量模拟运算表来分析适合公司的每月偿还金额。

活力小贴士

Excel 模拟运算表工具是一种只需一步操作就能计算出所有变化的模拟分析工具。用以显示一个或多个公式中一个或多个（两个）影响因素替换为不同值时的结果。它可以显示公式中某些值的变化对计算结果的影响，为同时求解某一运算中所有可能的变化值组合提供了捷径。并且，模拟运算表还可以将所有不同的计算结果同时显示在工作表中，便于查看和比较。

Excel 有两种类型的模拟运算表：单变量模拟运算表和双变量模拟运算表。

① 单变量模拟运算表为用户提供查看一个变化因素改变为不同值时对一个或多个公式结果的影响；双变量模拟运算表为用户提供查看两个变化因素改变为不同值时对一个或多个公式结果的影响。

② Excel 模拟运算表对话框中有两个编辑对话框，一个是"输入引用行的单元格（R）"，一个是"输入引用列的单元格（C）"。若影响因素只有一个，即单变量模拟运算表，则只需要填写其中的一个，如果模拟运算表是以行方式建立的，则填写"输入引用行的单元格（R）"；如果模拟运算表是以列方式建立的，则填写"输入引用列的单元格（C）"。

（1）创建贷款分析的单变量模拟运算数据模型。

在 E1:F8 单元格区域中，创建图 5-5 所示的单变量模拟运算数据模型。

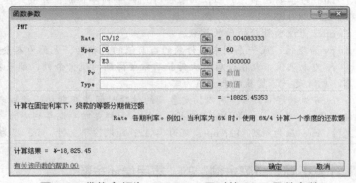

图 5-5　单变量下的数据模型

（2）计算"每月偿还金额"。

① 选中 F3 单元格。

② 插入 PMT 函数，设置图 5-6 所示的函数参数，单击【确定】按钮，在 F3 单元格中计算出"每月偿还金额"如图 5-7 所示。

图 5-6　贷款金额为 1 000 000 元时的 PMT 函数参数

图 5-7　贷款金额为 1 000 000 元时的每月偿还金额

③ 选中 E3:F8 单元格区域。

④ 单击【数据】→【数据工具】→【模拟分析】按钮，从下拉菜单中选择【模拟运算表】选项，打开"模拟运算表"对话框，并将"输入引用列的单元格"设置为"$E$3"，如图 5-8 所示。

⑤ 单击【确定】按钮，计算出图 5-9 所示的不同"贷款金额"的"每月偿还金额"。

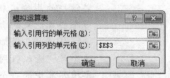

图 5-8　输入引用列

	A	B	C	D	E	F	G
1					单变量模拟运算表		
2	贷款金额		1000000		贷款金额	每月偿还金额	
3	贷款年利率		4.90%		1000000	¥-18,825.45	
4	贷款年限		5		900000	-16942.90818	
5	每年还款期数		12		800000	-15060.36283	
6	总还款期数		60		700000	-13177.81747	
7	每月偿还金额		¥-18,825.45		600000	-11295.27212	
8					500000	-9412.726766	
9							

图 5-9 单变量下的"每月偿还金额"

**活力
小贴士**

单变量模拟运算表的工作原理如下：在 F3 单元格中的公式是"=PMT(C3/12,C6,E3)"，即每期支付的贷款利息是 C3/12，因为是按月支付的，所以用年利息除以 12；支付贷款的总期数是 C6；贷款金额是 E3。

这里，年利率 C3 的值和总期数 C6 的值固定不变，当计算 F4 单元格时，Excel 将把 E4 单元格中的值输入到公式中的 E3 单元格；当计算 F5 时，Excel 将把 E5 单元格中的值输入到公式中的 E3 单元格……，如此下去，直到模拟运算表中的所有值都计算出来。

这里，使用的是单变量模拟运算表，而且变化的值是按列排列的，因此只需要写填引用的列单元格。

任务 5 计算不同"贷款金额"和不同"总还款期数"的"每月偿还金额"

这里，设定贷款数额分别为 100 万元、90 万元、80 万元、70 万元、60 万元以及 50 万元，还款期限分别为 5 年、8 年、10 年及 15 年，即设计双变量决策模型。

（1）创建贷款分析的双变量模拟运算数据模型。

在 A10:F17 单元格区域中创建双变量模拟运算数据模型，如图 5-10 所示。这里，贷款期数为月。

10		双变量模拟运算表			
11	每月偿还金额		60	96	120	180
12		1000000			
13		900000			
14	贷款金额	800000			
15		700000			
16		600000			
17		500000			
18					

图 5-10 双变量下的数据框架

（2）计算"每月偿还金额"。

① 选中 B11 单元格。

② 插入 PMT 函数，设置图 5-3 所示的函数参数，单击【确定】按钮，在 B11 单元格中计算出"每月偿还金额"如图 5-11 所示。

10		双变量模拟运算表			
11	每月偿还金额	¥-18,825.45	60	96	120	180
12		1000000			
13		900000			
14	贷款金额	800000			
15		700000			
16		600000			
17		500000			
18					

图 5-11 计算某一固定期数和固定利率下的每月偿还额

③ 选中 B11:F17 单元格区域。

④ 单击【数据】→【数据工具】→【模拟分析】按钮，从下拉菜单中选择【模拟运算表】选项，打开"模拟运算表"对话框，并将"输入引用行的单元格"设置为"$C$6"，"输入引用列的单元格"设置为"$C$2"，如图 5-12 所示。

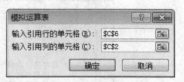

图 5-12　输入引用的行和列

活力
小贴士

这里使用的是双变量模拟运算表，因此两个单元格均需填入。

双变量模拟运算表的工作原理如下：在 B11 中的公式是"=PMT(C3/12,C6,C2)"，即每期支付的贷款利息是 C3/12，因为是按月支付的，所以用年利息除以 12；支付贷款的总期数是 60 个月；贷款金额是 900000。

年利率 C3 的值固定不变，当计算 C12 单元格时，Excel 将把 C11 单元格中的值输入到公式中的 C6 单元格，把 B12 单元格中的值输入到公式中的 C2 单元格；当计算 D12 时，Excel 将把 D11 单元格中的值输入到公式中的 C6 单元格，把 B12 单元格中的值输入到公式中的 C2 单元格……，如此下去，直到模拟运算表中的所有值都计算出来。

在公式中输入单元格是任取的，它可以是工作表中的任意空白单元格，事实上，它只是一种形式，因为它的取值来源于输入行或输入列。

⑤ 单击【确定】按钮，计算出图 5-13 所示的不同"贷款金额"和不同"总还款期数"下的"每月偿还金额"。

	双变量模拟运算表				
每月偿还金额	¥-18,825.45	60	96	120	180
	1000000	-18825.45353	-12612.36524	-10557.73955	-7855.942177
	900000	-16942.90818	-11351.12872	-9501.965592	-7070.347959
贷款金额	800000	-15060.36283	-10089.89219	-8446.191638	-6284.753742
	700000	-13177.81747	-8828.655668	-7390.417683	-5499.159524
	600000	-11295.27212	-7567.419144	-6334.643728	-4713.565306
	500000	-9412.726766	-6306.18262	-5278.869774	-3927.971088

图 5-13　不同"贷款金额"和不同"总还款期数"下的"每月偿还金额"

活力
小贴士

由于在工作表中，每期偿还金额与贷款金额（单元格 C2）、贷款年利率（单元格 C3）、借款年限（单元格 C4）、每年还款期数（单元格 C5）以及各因素可能的组合（单元格区域 B12:B17 和 C11:F11），使这些基本数据之间建立了动态链接。因此，财务人员可通过改变单元格 C2、单元格 C3、单元格 C4 或单元格 C5 中的数据，或调整单元格区域 B12:B17 和 C11:F11 中的各因素可能组合，使各分析值自动计算。这样，可以一目了然地观察到不同期限、不同贷款金额下，每期应偿还金额的变化，从而可以根据企业的经营状况，选择一种合适的贷款方案。

任务 6　格式化"投资贷款分析表"

（1）按住【Ctrl】键，同时选中 F3:F8 及 C12:F17 单元格区域。

（2）单击【开始】→【单元格格式】→【格式】按钮，从弹出的格式下拉菜单中选择【设置单元格格式】选项，打开"设置单元格格式"对话框。

（3）单击"数字"选项卡，从"分类"列表中选择"货币"，设置货币符号为"¥"，小数位数为 2，如图 5-14 所示。

（4）将 E3:E8、C11:F11 及 B12:B17 单元格区域的对齐方式设置为居中。

（5）分别为 B2:C7、E2:F8 及 A11:F17 单元格区域设置内细外粗的表格边框。

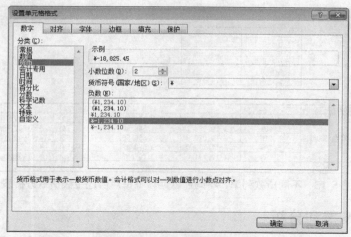

图 5-14 设置数据为货币格式

（6）单击【视图】→【显示/隐藏】选项，取消【网格线】选项，隐藏工作表网格线。格式化后的工作表如图 5-1 所示。

5.17.5 项目小结

本项目通过制作"投资决策分析"介绍了 Excel 中的财务函数 PMT、模拟运算表、单变量模拟运算表、双变量模拟运算表等内容。这些函数和运算都可以用来解决当变量不是唯一的一个值而是一组值时所得到的一组结果，或变量为多个，即多组值甚至多个变化因素时对结果产生的影响。我们可以直接利用 Excel 中的这些函数和方法对数据进行分析，为企业管理提供准确详细的数据依据。

5.17.6 拓展项目

1. 制作不同贷款利率下每月偿还金额贷款分析表（单模拟变量）

不同贷款利率下每月偿还金额贷款分析如图 5-15 所示。

	A	B	C	D
1				
2		贷款金额	900000	
3		贷款年利率	4.9%	
4		贷款年限	5	
5		每年还款期数	12	
6		总还款期数	60	
7		每月偿还金额	¥-16,942.91	
8				
9				
10		贷款年利率	每月偿还金额	
11			¥-16,942.91	
12		4.75%	¥-16,881.22	
13		5.00%	¥-16,984.11	
14		5.21%	¥-17,070.84	
15		5.30%	¥-17,108.09	
16		5.50%	¥-17,191.05	
17				

图 5-15 不同贷款利率下每月偿还金额贷款分析表

2. 制作不同贷款利率、不同还款期限下每月偿还金额贷款分析表（双模拟变量）

不同贷款利率，不同还款期限下每月偿还金额分析表，如图 5-16 所示。

	贷款金额	900000			
	贷款年利率	4.9%			
	贷款年限	5			
	每年还款期数	12			
	总还款期数	60			
	每月偿还金额	￥-16,942.91			

每月偿还金额	￥-16,942.91	60	120	180	240
	4.75%	￥-16,881.22	￥-9,436.30	￥-7,000.49	￥-5,816.01
	5.00%	￥-16,984.11	￥-9,545.90	￥-7,117.14	￥-5,939.60
贷款年利率	5.21%	￥-17,070.84	￥-9,638.55	￥-7,215.98	￥-6,044.50
	5.30%	￥-17,108.09	￥-9,678.42	￥-7,258.58	￥-6,089.76
	5.50%	￥-17,191.05	￥-9,767.37	￥-7,353.75	￥-6,190.99

图 5-16　不同贷款利率、不同还款期限下每月偿还金额贷款分析表

项目 18　本量利分析

示例文件	原始文件：示例文件\素材文件\项目 18\本量利分析.xlsx
	效果文件：示例文件\效果文件\项目 18\本量利分析.xlsx

5.18.1　项目背景

在财务管理工作中，本量利的分析在财务分析中占有举足轻重的地位。通过设定固定成本、售价、数量等指标，可计算出相应的利润。利用 Excel 提供的方案管理器可以进行更复杂的分析，为达到预算目标模拟选择不同方式的大致结果。对于每种方式的结果都被称之为一个方案，根据多个方案的对比分析，可以考查出不同方案的优势，从中选择一个最适合公司目标的方案。本项目将通过制作"本量利分析"介绍方案管理器在财务管理中的应用。

5.18.2　项目效果

图 5-17 所示为"本量利分析"方案摘要。

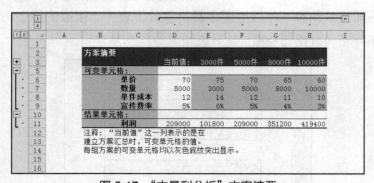

图 5-17　"本量利分析"方案摘要

5.18.3　知识与技能

- 工作簿的创建
- 工作表重命名
- 公式的使用
- 单元格名称的使用
- 方案管理器的应用

5.18.4　解决方案

任务1　创建工作簿和重命名工作表

（1）启动 Excel 2010，新建一空白工作簿。

（2）将创建的工作簿以"本量利分析"为名保存在"D:\公司文档\财务部"文件夹中。

（3）将"本量利分析"工作簿中的 Sheet1 工作表重命名为"本量利分析模型"。

任务2　创建"本量利分析"模型

这里，我们首先建立一个简单的模型，假设该模型是生产不同数量的某产品，所产生对利润的影响。在该模型中有 4 个可变量：单价、数量、单件成本和宣传费率。

（1）参见图 5-18 所示，建立模型的基本结构。

（2）按图 5-19 所示输入模型基础数据。

	A	B	C
1	单价		
2	数量		
3	单件成本		
4	宣传费率		
5			
6			
7	利润		
8	销售金额		
9	费用		
10	成本		
11	固定成本		
12			

图 5-18　"本量利模型"的基本结构

	A	B	C
1	单价	65	
2	数量	8000	
3	单件成本	11	
4	宣传费率	4%	
5			
6			
7	利润		
8	销售金额		
9	费用	20000	
10	成本		
11	固定成本	60000	
12			

图 5-19　输入"本量利模型"基础数据

（3）计算"销售金额"数据。

这里，销售金额 = 单价*数量。

① 选中 B8 单元格。

② 输入公式" = B1*B2"。

③ 按【Enter】键确认。

（4）计算"成本"数据。

这里，成本 = 固定成本+数量×单件成本。

① 选中 B10 单元格。

② 输入公式" = B11+B2*B3"。

③ 按【Enter】键确认。

（5）计算"利润"数据。

这里，利润 = 销售金额−成本−费用×（1+宣传费率）。

① 选中 B7 单元格。

② 输入公式" = B8−B10−B9*(1+B4)"。

③ 按【Enter】键确认。

完成后的"本量利"模型如图 5-20 所示。

	A	B	C
1	单价	65	
2	数量	8000	
3	单件成本	11	
4	宣传费率	4%	
5			
6			
7	利润	351200	
8	销售金额	520000	
9	费用	20000	
10	成本	148000	
11	固定成本	60000	
12			

图 5-20　本量利分析模型

任务 3 定义单元格名称

（1）选中 B1 单元格。

（2）单击【公式】→【定义的名称】→【定义名称】按钮，打开"新建名称"对话框。

（3）在"名称"文本框中输入"单价"，如图 5-21 所示。

（4）单击【确定】按钮。

（5）使用同样的方法，分别将 B2:B4 和 B7 单元格重命名为"数量""单件成本""宣传费率"和"利润"。

活力
小贴士

定义单元格名称的操作也可先选定要定义名称的单元格，然后在 Excel 中的"编辑栏"左侧的"名称框"中输入新的名称，最后按【Enter】键确认。

任务 4 建立"本量利分析"方案

（1）单击【数据】→【数据工具】→【模拟分析】选项，从下拉菜单中选择【方案管理器】选项，打开图 5-22 所示的"方案管理器"对话框。

（2）单击"方案管理器"对话框中的【添加】按钮，打开"编辑方案"对话框。

图 5-21 定义名称

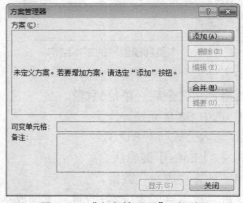

图 5-22 "方案管理器"对话框

（3）如图 5-23 所示，在"方案名"文本框中输入"3000 件"，在"可变单元格"中设置区域为"$B$1:$B$4"。

（4）单击【确定】按钮，打开【方案变量值】对话框，按图 5-24 所示分别设定"单价""数量""单件成本"和"宣传费率"的值。

（5）单击【确定】按钮，完成"3000 件"方案的设定。

活力
小贴士

由于在任务 3 中已经定义了 B1:B4 单元格的名称分别为"单价""数量""单件成本"和"宣传费率"，所以在这里输入方案变量值时，可以很直观地看到每个数据项的名称。

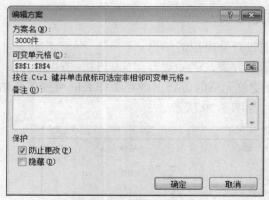

图 5-23　"编辑方案"对话框

图 5-24　3000 件的"方案变量值"

（6）分别按图 5-25、图 5-26 和图 5-27 所示，设置"5000 件""8000 件"和"10000 件"的方案变量值。

图 5-25　5000 件的"方案变量值"

图 5-26　8000 件的"方案变量值"

设置后的方案管理器如图 5-28 所示。

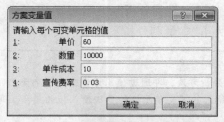

图 5-27　10000 件的"方案变量值"

图 5-28　添加方案后的"方案管理器"

活力
小贴士

方案编辑完成后如果需要修改方案，可在图 5-28 所示的方案管理器中选择相应的修改操作。

① 单击【添加】按钮，可继续增加新的方案。

② 选中某方案，单击【删除】按钮，可删除选中的方案。

③ 选中某方案，单击【编辑】按钮，可修改选中的方案名、方案变量值等。

任务 5 显示"本量利分析"方案

设定了各种模拟方案后，我们就可以随时查看模拟的结果了。

（1）在"方案"列表框中，选定要显示的方案，例如选定"5000 件"方案。

（2）单击【显示】按钮，选定方案中可变单元格的值将出现在工作表的可变单元格中，同时工作表重新计算，以反映模拟的结果，如图 5-29 所示。

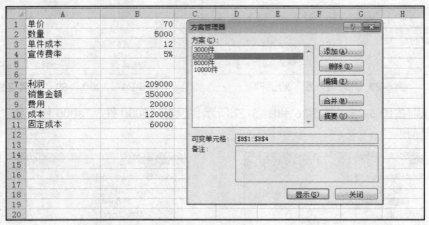

图 5-29 显示"5000 件"方案工作表中的数据

任务 6 建立"本量利分析"方案摘要报告

（1）单击"方案管理器"对话框中的【摘要】按钮，打开图 5-30 所示的"方案摘要"对话框。

（2）在"方案摘要"对话框中，单击选择【方案摘要】单选按钮，选择报告类型为"方案摘要"。在"结果单元格"框中，通过选定单元格或键入单元格引用来指定每个方案中重要的单元格。

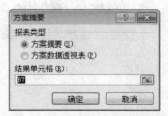

图 5-30 "方案摘要"对话框

（3）单击【确定】按钮，生成如图 5-17 所示的"本量利分析"方案摘要。

（4）将新生成的"方案摘要"工作表重命名为【"本量利分析"方案摘要】。

活力
小贴士

Excel 中为数据分析提供了更为高级的分析方法，即通过使用方案来对多个变化因素对结果的影响进行分析。方案是指产生不同结果的可变单元格的多次输入值的集合。每个方案中可以使用多种变量进行数据分析。

5.18.5 项目小结

本项目通过制作"本量利分析"，主要介绍了工作簿的创建、工作表重命名、构造方案分析模型、公式的使用、定义单元格名称。在此基础上，利用【方案管理器】建立方案、显示方案即生成方案摘要，从而为公司的生产和销售提供决策方案。

5.18.6 拓展项目

1. 制作销售毛利分析模型和销售毛利分析方案摘要

销售毛利分析模型如图 5-31 所示，销售毛利分析方案摘要如图 5-32 所示。

（其中：毛利=进货成本×加价百分比×销售数量−销售费用）

	A	B	C
1	进货成本	46	
2	加价百分比	20%	
3	销售数量	5000	
4	销售费用	4500	
5			
6	毛利	41500	
7			

图 5-31　销售毛利分析模型

	A	B	C	D	E	F	G	H	I	J
1										
2	方案摘要									
3			当前值：	1000件	2000件	3000件	4000件	5000件		
5	可变单元格：									
6		进货成本	46	50	49	48	47	46		
7		加价百分比	20%	10%	12%	15%	17%	20%		
8		销售数量	5000	1000	2000	3000	4000	5000		
9		销售费用	4500	5000	4900	4800	4600	4500		
10	结果单元格：									
11		毛利	41500	0	6860	16800	27360	41500		
12	注释："当前值"这一列表示的是在									
13	建立方案汇总时，可变单元格的值。									
14	每组方案的可变单元格均以灰色底纹突出显示。									
15										

图 5-32　销售毛利分析方案摘要

2. 制作贷款方案表和贷款方案摘要

贷款方案表如图 5-33 所示，贷款方案摘要如图 5-34 所示。

	A	B	C	D	E	F	G
1				借款方案			
2	方案	贷款总额	期限（年）	年利率	每年还款额	季度还款额	月还款额
3	1	1000000	3	4.75%	¥365,489.67	¥89,904.79	¥29,858.78
4	2	1500000	5	4.90%	¥345,505.02	¥85,018.45	¥28,238.18
5	3	2000000	8	5.10%	¥310,695.72	¥76,506.76	¥25,415.17
6	4	2500000	10	6.00%	¥339,669.90	¥83,567.75	¥27,755.13

图 5-33　贷款方案表

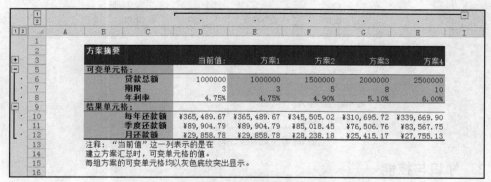

	A	B	C	D	E	F	G	H	I
1									
2	方案摘要								
3			当前值：	方案1	方案2	方案3	方案4		
5	可变单元格：								
6		贷款总额	1000000	1000000	1500000	2000000	2500000		
7		期限	3	3	5	8	10		
8		年利率	4.75%	4.75%	4.90%	5.10%	6.00%		
9	结果单元格：								
10		每年还款额	¥365,489.67	¥365,489.67	¥345,505.02	¥310,695.72	¥339,669.90		
11		季度还款额	¥89,904.79	¥89,904.79	¥85,018.45	¥76,506.76	¥83,567.75		
12		月还款额	¥29,858.78	¥29,858.78	¥28,238.18	¥25,415.17	¥27,755.13		
13	注释："当前值"这一列表示的是在								
14	建立方案汇总时，可变单元格的值。								
15	每组方案的可变单元格均以灰色底纹突出显示。								
16									

图 5-34　贷款方案摘要

项目 **19**　往来账务管理

示例文件	原始文件：示例文件\素材文件\项目 19\往来账务管理.xlsx
	效果文件：示例文件\效果文件\项目 19\往来账务管理.xlsx

5.19.1　项目背景

往来账务是企业在生产经营过程中发生业务往来而产生的应收和应付款项。在公司的财务管理中，往来账务管理是一项很重要的工作。往来款项作为单位总资产的一个重要组成部分，直接影响到企业的资金使用、财务状况结构、财务指标分析等诸多方面。本项目通过制作"往来账务管理表"来介绍 Excel 在往来账务管理方面的应用。

5.19.2　项目效果

图 5-35 所示为应收账款明细表，图 5-36 所示为账款账龄统计分析表。

	日期	客户代码	客户名称	应收金额	应收账款期限	是否到期	未到期金额
				应收账款明细表			
3	2016-4-1	D0002	迈风实业	36,900.00	2016-6-30	是	0.00
4	2016-4-11	A0002	美环科技	65,000.00	2016-7-10	是	0.00
5	2016-4-21	B0004	联同实业	600,000.00	2016-7-20	是	0.00
6	2016-5-4	A0003	全亚集团	610,000.00	2016-8-2	是	0.00
7	2016-5-9	B0004	联同实业	37,600.00	2016-8-7	否	37,600.00
8	2016-5-22	C0002	科达集团	320,000.00	2016-8-20	否	320,000.00
9	2016-5-30	A0003	全亚集团	30,000.00	2016-8-28	否	30,000.00
10	2016-6-1	A0004	联华实业	40,000.00	2016-8-30	否	40,000.00
11	2016-6-9	D0004	朗讯公司	70,000.00	2016-9-7	否	70,000.00
12	2016-6-14	A0003	全亚集团	26,000.00	2016-9-12	否	26,000.00
13	2016-6-26	A0002	美环科技	78,000.00	2016-9-24	否	78,000.00
14	2016-7-1	B0001	兴盛数码	68,000.00	2016-9-29	否	68,000.00
15	2016-7-2	C0002	科达集团	26,000.00	2016-9-30	否	26,000.00
16	2016-7-6	C0003	安跃科技	45,600.00	2016-10-4	否	45,600.00
17	2016-8-5	D0003	腾恒公司	3,700.00	2016-11-3	否	3,700.00
18	2016-8-5	D0002	迈风实业	58,000.00	2016-11-3	否	58,000.00
19	2016-8-6	D0004	朗讯公司	59,000.00	2016-11-4	否	59,000.00

图 5-35　应该收账款明细表

	应收账款账龄	客户数量	金额	比例
	账款账龄分析			
			当前日期：	2016-8-7
信用期内	13	861900	39.65%
超过信用期	4	1311900	60.35%
超过期限1～30天	3	1275000	58.65%
超过期限31～60天	1	36900	1.70%
超过期限61～90天	0	0	0.00%
超过期限90天以上	0	0	0.00%

图 5-36　账款账龄统计分析

5.19.3　知识与技能

● 工作簿的创建

- 工作表重命名
- 使用公式和函数计算
- 单元格名称的使用
- TODAY、IF、SUM 函数的应用
- 数组公式的应用

5.19.4　解决方案

任务 1　**创建工作簿和重命名工作表**

（1）启动 Excel 2010，新建一空白工作簿。

（2）将创建的工作簿以"往来账务管理"为名保存在"D:\公司文档\财务部"文件夹中。

（3）将 Sheet1 工作表重命名为"应收账款明细表"。

任务 2　**创建"应收账款明细表"**

（1）选中"应收账款明细表"。

（2）设置 A1:G1 合并后居中，输入表格标题"应收账款明细表"，字体为"华文中宋"、字号为"18"。

（3）按照图 5-37 所示输入表格字段标题和基础数据。

	A	B	C	D	E	F	G
1				应收账款明细表			
2	日期	客户代码	客户名称	应收金额	应收账款期限	是否到期	未到期金额
3	2016-4-1	D0002	迈风实业	36900			
4	2016-4-11	A0002	美环科技	65000			
5	2016-4-21	B0004	联同实业	600000			
6	2016-5-4	A0003	全亚集团	610000			
7	2016-5-9	B0004	联同实业	37600			
8	2016-5-22	C0002	科达集团	320000			
9	2016-5-30	A0003	全亚集团	30000			
10	2016-6-1	A0004	联华实业	40000			
11	2016-6-9	D0004	朗讯公司	70000			
12	2016-6-14	A0003	全亚集团	26000			
13	2016-6-26	A0002	美环科技	78000			
14	2016-7-1	B0001	兴盛数码	68000			
15	2016-7-2	C0002	科达集团	26000			
16	2016-7-6	C0003	安跃科技	45600			
17	2016-8-5	D0003	腾恒公司	3700			
18	2016-8-5	D0002	迈风实业	58000			
19	2016-8-6	D0004	朗讯公司	59000			

图 5-37　"应收账款明细表"基本框架

任务 3　**显示应收账款期限**

这里，设定收款期为 90 天。

（1）选中 E3 单元格。

（2）输入公式"=A3+90"，按【Enter】键确认。

（3）选中 E3 单元格，鼠标拖曳填充柄至 E19 单元格，将公式复制到 E4:E19 单元格区域中，显示出每笔账务的"应收款期限"，如图 5-38 所示。

▲	A	B	C	D	E	F	G
1				应收账款明细表			
2	日期	客户代码	客户名称	应收金额	应收账款期限	是否到期	未到期金额
3	2016-4-1	D0002	迈风实业	36900	2016-6-30		
4	2016-4-11	A0002	美环科技	65000	2016-7-10		
5	2016-4-21	B0004	联同实业	600000	2016-7-20		
6	2016-5-4	A0003	全亚集团	610000	2016-8-2		
7	2016-5-9	B0004	联同实业	37600	2016-8-7		
8	2016-5-22	C0002	科达集团	320000	2016-8-20		
9	2016-5-30	A0003	全亚集团	30000	2016-8-28		
10	2016-6-1	A0004	联华实业	40000	2016-8-30		
11	2016-6-9	D0004	朗讯公司	70000	2016-9-7		
12	2016-6-14	A0003	全亚集团	26000	2016-9-12		
13	2016-6-26	A0002	美环科技	78000	2016-9-24		
14	2016-7-1	B0001	兴盛数码	68000	2016-9-29		
15	2016-7-2	C0002	科达集团	26000	2016-9-30		
16	2016-7-6	C0003	安跃科技	45600	2016-10-4		
17	2016-8-5	D0003	腾恒公司	3700	2016-11-3		
18	2016-8-5	D0002	迈风实业	58000	2016-11-3		
19	2016-8-6	D0004	朗讯公司	59000	2016-11-4		

图 5-38　显示"应收款期限"

任务4 判断应收账款是否到期

活力小贴士　　判断应收账款是否到期可利用 IF 函数进行处理，用系统当前日期与"应收账款期限"进行比较，如果"应收账款期限"小于系统日期，则说明已经到期，否则为未到期。当前日期使用 TODAY() 函数获取。

（1）选中 F3 单元格。

（2）单击【公式】→【函数库】→【插入函数】按钮 f_x，打开图 5-39 所示的"插入函数"对话框。

（3）从"选择函数"列表中选择"IF"函数，单击【确定】按钮，打开"函数参数"对话框。

（4）输入图 5-40 所示的参数。

图 5-39　"插入函数"对话框

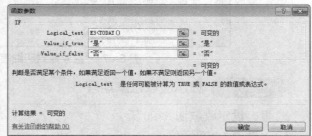

图 5-40　设置 IF 函数参数

（5）单击【确定】按钮。

（6）选中 F3 单元格，鼠标拖曳填充柄至 F19 单元格，将公式复制到 F4:F19 单元格区域中，判断每笔账务应收账款是否到期，如图 5-41 所示。

	A	B	C	D	E	F	G
1				应收账款明细表			
2	日期	客户代码	客户名称	应收金额	应收账款期限	是否到期	未到期金额
3	2016-4-1	D0002	迈风实业	36900	2016-6-30	是	
4	2016-4-11	A0002	美环科技	65000	2016-7-10	是	
5	2016-4-21	B0004	联同实业	600000	2016-7-20	是	
6	2016-5-4	A0003	全亚集团	610000	2016-8-2	是	
7	2016-5-9	B0004	联同实业	37600	2016-8-7	否	
8	2016-5-22	C0002	科达集团	320000	2016-8-20	否	
9	2016-5-30	A0003	全亚集团	30000	2016-8-28	否	
10	2016-6-1	A0004	联华实业	40000	2016-8-30	否	
11	2016-6-9	D0004	朗讯公司	70000	2016-9-7	否	
12	2016-6-14	A0003	全亚集团	26000	2016-9-12	否	
13	2016-6-26	A0002	美环科技	78000	2016-9-24	否	
14	2016-7-1	B0001	兴盛数码	68000	2016-9-29	否	
15	2016-7-2	C0002	科达集团	26000	2016-9-30	否	
16	2016-7-6	C0003	安跃科技	45600	2016-10-4	否	
17	2016-8-5	D0003	腾恒公司	3700	2016-11-3	否	
18	2016-8-5	D0002	迈风实业	58000	2016-11-3	否	
19	2016-8-6	D0004	朗讯公司	59000	2016-11-4	否	

图 5-41　判断每笔账务应收账款是否到期

任务 5 统计"未到期金额"

（1）选中 G3 单元格。

（2）输入公式"=IF(TODAY()>E3,0,D3)"，按【Enter】键确认。

（3）选中 G3 单元格，鼠标拖曳填充柄至 G19 单元格，将公式复制到 G4:G19 单元格区域中，统计出每笔账务"未到期金额"，如图 5-42 所示。

	A	B	C	D	E	F	G
1				应收账款明细表			
2	日期	客户代码	客户名称	应收金额	应收账款期限	是否到期	未到期金额
3	2016-4-1	D0002	迈风实业	36900	2016-6-30	是	0
4	2016-4-11	A0002	美环科技	65000	2016-7-10	是	0
5	2016-4-21	B0004	联同实业	600000	2016-7-20	是	0
6	2016-5-4	A0003	全亚集团	610000	2016-8-2	是	0
7	2016-5-9	B0004	联同实业	37600	2016-8-7	否	37600
8	2016-5-22	C0002	科达集团	320000	2016-8-20	否	320000
9	2016-5-30	A0003	全亚集团	30000	2016-8-28	否	30000
10	2016-6-1	A0004	联华实业	40000	2016-8-30	否	40000
11	2016-6-9	D0004	朗讯公司	70000	2016-9-7	否	70000
12	2016-6-14	A0003	全亚集团	26000	2016-9-12	否	26000
13	2016-6-26	A0002	美环科技	78000	2016-9-24	否	78000
14	2016-7-1	B0001	兴盛数码	68000	2016-9-29	否	68000
15	2016-7-2	C0002	科达集团	26000	2016-9-30	否	26000
16	2016-7-6	C0003	安跃科技	45600	2016-10-4	否	45600
17	2016-8-5	D0003	腾恒公司	3700	2016-11-3	否	3700
18	2016-8-5	D0002	迈风实业	58000	2016-11-3	否	58000
19	2016-8-6	D0004	朗讯公司	59000	2016-11-4	否	59000

图 5-42　统计每笔账务"未到期金额"

任务 6 设置"应收账款明细表"格式

（1）设置"应收金额"和"未到期金额"两列的数据为"货币"格式，无货币符号。其余列数据居中对齐。

（2）设置第 2 行的字段标题加粗、居中对齐、设置"蓝色，强调文字颜色 1，淡色 80%"的底纹。

（3）设置第 1 行的行高为 30、第 2 行的行高为 22，其余各行的行高为 18。

（4）为 A2:G19 单元格区域添加"所有框线"的边框。

任务 7　账款账龄统计分析

（1）将 Sheet2 工作表重命名为"账款账龄分析"。

（2）创建图 5-43 所示的"账款账龄分析"表框架。

（3）定义名称。

① 切换到"应收账款明细表"工作表，选中 E2:E19 单元格区域。

② 单击【公式】→【定义的名称框】→【根据所选内容创建】按钮，在弹出的"以选定区域创建名称"对话框中，选中【首行】复选框，如图 5-44 所示。

图 5-43　"账款账龄分析"表框架

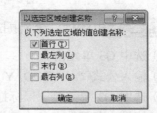

图 5-44　"以选定区域创建名称"对话框

③ 单击【确定】按钮，返回工作表。

④ 选中 D3:D19 单元格区域，在"编辑栏"左侧的"名称框"中输入"应收金额"，按【Enter】键确认。

活力
小贴士

定义名称后，单击【公式】→【定义的名称框】→【名称管理器】按钮，打开"名称管理器"对话框，在对话框中可见图 5-45 所示的"应收金额"和"应收账款期限"名称。

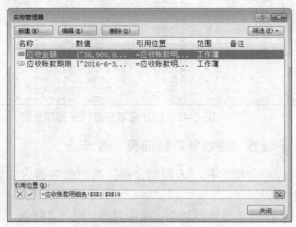

图 5-45　"名称管理器"对话框

在对话框中，也可通过【新建】、【编辑】和【删除】按钮对名称进行相关操作。

（4）切换到"账款账龄分析"工作表，在 D2 单元格中输入公式"=TODAY()"。按【Enter】键确认，获取系统的当前日期。

（5）计算信用期内客户的数量。在 B4 单元格中输入公式"=SUM(IF(应收账款期限>=D2,1,0))"，然后按下【Ctrl】+【Shift】+【Enter】组合键计算数组公式的结果，如图 5-46 所示。

活力小贴士

数组和数组公式。

① 数组。数组就是一组起作用的单元格或值的集合。它包括文本、数字、日期、逻辑和错误值等形式。

在 Excel 中，数组有两种形式。即常量数组和单元格区域数组。前者可以为数字、文本、逻辑值和错误值等，它用"{}"将构成数组的常量括起来，各元素之间分别用分号和逗号来间隔行和列。后者则是通过对一组连续的单元格区域的引用而得到的数组。例如：{"A,B,C";2;"工作表";#REF!}就是一个常量数组，{A1:C6}就是一个 6 行 3 列的单元格区域数组。

② 数组公式。数组公式是使用了数组的一种特殊公式，对一组或多组值执行多重计算，并返回一个或多个结果。例如：一个 1 行 3 列数组与一个 1 行 3 列数组相乘，结果为一个新的 1 行 3 列数组。Excel 中数组公式非常有用，尤其在不能使用工作表函数直接得到计算结果时，数组公式显得特别重要，它可建立多值或对一组值而不是单个值进行操作的公式。

数组公式采用一对花括号作为标记，因此在输入完公式之后，只有在同时按下【Ctrl】+【Shift】+【Enter】组合键才可输入数组公式。Excel 将在公式两边自动加上花括号"{}"。注意：不要自己键入花括号，否则，Excel 会认为输入的是一个正文标签。

（6）计算信用期内的应收金额。在 C4 单元格中输入公式"=SUM(IF(应收账款期限>=D2,应收金额,0))"，然后按下【Ctrl】+【Shift】+【Enter】组合键计算数组公式的结果，如图 5-47 所示。

	B4	f_x {=SUM(IF(应收账款期限>=D2,1,0))}

账款账龄分析（图左）

A	B 客户数量	C 金额	D 比例
		当前日期：	2016-8-7
应收账款账龄	客户数量	金额	比例
信用期内	13		
超过信用期			
超过期限1~30天			
超过期限31~60天			
超过期限61~90天			
超过期限90天以上			

图 5-46　计算信用期内的客户数量　　图 5-47　计算信用期内的应收金额

（7）计算超过期限 1~30 天的客户数量。在 B6 单元格中输入公式"=SUM(IF(((D2-应收账款期限)>=1)*((D2-应收账款期限)<=30),1,0))"，然后按下【Ctrl】+【Shift】+【Enter】组合键计算数组公式的结果，如图 5-48 所示。

活力小贴士

函数公式中"*"的意义。

"*"本是算术运算符，是数学里的符号，但除了用作算术运算符以外，它还可以替代逻辑函数，比如 AND 函数、OR 函数以及 IF 函数，如：假设 A 列保存为分数，如果分数在 60~100 之间为合格，否则为不合格，使用 IF 函数公式"=IF(AND(A1>=60,A1<=100),"合格","不合格")"，与 "=IF((A1>=60)*(A1<=100),"合格","不合格")"是等价的。

| B6 | ▼ (| fx | {=SUM(IF(((D2-应收账款期限)>=1)*((D2-应收账款期限)<=30),1,0))} |

账款账龄分析

应收账款账龄	客户数量	金额	比例
		当前日期：	2016-8-7
信用期内	13	861900	
超过信用期			
超过期限1～30天	3		
超过期限31～60天			
超过期限61～90天			
超过期限90天以上			

图 5-48　计算超过期限 1～30 天的客户数量

（8）计算超过期限 1～30 天的应收金额。在 C6 单元格中输入公式 "=SUM(IF(((D2-应收账款期限)>=1)*((D2-应收账款期限)<=30),应收金额,0))"，然后按下【Ctrl】+【Shift】+【Enter】组合键计算数组公式的结果，如图 5-49 所示。

| C6 | ▼ (| fx | {=SUM(IF(((D2-应收账款期限)>=1)*((D2-应收账款期限)<=30),应收金额,0))} |

账款账龄分析

应收账款账龄	客户数量	金额	比例
		当前日期：	2016-8-7
信用期内	13	861900	
超过信用期			
超过期限1～30天	3	1275000	
超过期限31～60天			
超过期限61～90天			
超过期限90天以上			

图 5-49　计算超过期限 1～30 天的应收金额

（9）使用相同的方法计算出其他期限段的客户数量和应收金额，如图 5-50 所示。

（10）计算超过信用期的客户数。选中 B5 单元格，输入公式 "=SUM(B6:B9)"，按【Enter】键确认。

（11）选中 B5 单元格，拖动填充柄至 C5 单元格，可统计出超过信用期的应收金额，如图 5-51 所示。

账款账龄分析

应收账款账龄	客户数量	金额	比例
		当前日期：	2016-8-7
信用期内	13	861900	
超过信用期			
超过期限1～30天	3	1275000	
超过期限31～60天	1	36900	
超过期限61～90天	0	0	
超过期限90天以上	0	0	

图 5-50　显示计算结果

账款账龄分析

应收账款账龄	客户数量	金额	比例
		当前日期：	2016-8-7
信用期内	13	861900	
超过信用期	4	1311900	
超过期限1-30天	3	1275000	
超过期限31-60天	1	36900	
超过期限61-90天	0	0	
超过期限90天以上	0	0	

图 5-51　计算超过信用期的客户数和应收金额

（12）统计各个信用期内金额的占比值。

① 选中 D4 单元格。

② 输入公式"=C4/($C$4+$C$5)"，按【Enter】键确认。

③ 选中 D4 单元格，拖曳填充柄至 D9 单元格，将公式复制到 D5:D9 单元格区域中。

（13）设置单元格格式。

① 将 D4:D9 单元格区域的数据设置为百分比格式，保留两位小数。

② 将"客户数量""金额"和"比例"列数据设置为居中对齐，如图 5-36 所示。

5.19.5　项目小结

本项目通过制作"往来账务管理"，主要介绍了工作簿的创建、工作表重命名、使用公式和函数计算、定义单元格名称。在此基础上，进一步利用 TODAY、IF、SUM 函数以及数组公式进行账务统计和分析。

5.19.6　拓展项目

1．设置应收账款到期前一周自动提醒

应收账款到期前一周自动提醒表，如图 5-52 所示。

日期	客户代码	客户名称	应收金额	应收账款期限	是否到期	未到期金额
2016-4-1	D0002	迈风实业	36,900.00	2016-6-30	是	0.00
2016-4-11	A0002	美环科技	65,000.00	2016-7-10	是	0.00
2016-4-21	B0004	联同实业	600,000.00	2016-7-20	是	0.00
2016-5-4	A0003	全亚集团	610,000.00	2016-8-2	是	0.00
2016-5-9	B0004	联同实业	37,600.00	2016-8-7	否	37,600.00
2016-5-22	C0002	科达集团	320,000.00	2016-8-20	否	320,000.00
2016-5-30	A0003	全亚集团	30,000.00	2016-8-28	否	30,000.00
2016-6-1	A0004	联华实业	40,000.00	2016-8-30	否	40,000.00
2016-6-9	D0004	朗讯公司	70,000.00	2016-9-7	否	70,000.00
2016-6-14	A0003	全亚集团	26,000.00	2016-9-12	否	26,000.00
2016-6-26	A0002	美环科技	78,000.00	2016-9-24	否	78,000.00
2016-7-1	B0001	兴盛数码	68,000.00	2016-9-29	否	68,000.00
2016-7-2	C0002	科达集团	26,000.00	2016-9-30	否	26,000.00
2016-7-6	C0003	安跃科技	45,600.00	2016-10-4	否	45,600.00
2016-8-5	D0003	腾恒公司	3,700.00	2016-11-3	否	3,700.00
2016-8-5	D0002	迈风实业	58,000.00	2016-11-3	否	58,000.00
2016-8-6	D0004	朗讯公司	59,000.00	2016-11-4	否	59,000.00

图 5-52　设置应收账款到期前一周自动提醒

2．汇总统计各客户"未到期金额"

汇总统计各客户"未到期金额"表如图 5-53 所示。

日期	客户代码	客户名称	应收金额	应收账款期限	是否到期	未到期金额
		安跃科技 汇总				45,600.00
		科达集团 汇总				346,000.00
		朗讯公司 汇总				129,000.00
		联华实业 汇总				40,000.00
		联同实业 汇总				37,600.00
		迈风实业 汇总				58,000.00
		美环科技 汇总				78,000.00
		全亚集团 汇总				56,000.00
		腾恒公司 汇总				3,700.00
		兴盛数码 汇总				68,000.00
		总计				861,900.00

图 5-53　汇总统计各客户"未到期金额"

项目 **20**　财务报表管理

示例文件	原始文件：示例文件\素材文件\项目 20\资产负债表.xlsx
	效果文件：示例文件\效果文件\项目 20\资产负债表.xlsx

5.20.1　项目背景

　　企业的财务部门经常需要填报各类财务报表来反映企业的经营状况。其中不仅涉及的数据量较多，运算量也较大，而且与资金和费用相关，务求计算准确。

　　资产负债表是企业的三大对外报送报表之一，指标均为时点指标，可反映企业某一时点上资产和负债的分布，是反映拥有资产和承担负债的统计表。本项目将通过制作"资产负债表"来介绍 Excel 在财务报表管理方面的应用。

5.20.2　项目效果

　　图 5-54 所示为资产负债表。

图 5-54　资产负债表

5.20.3　知识与技能

- 工作簿的创建
- 工作表重命名
- 公式的使用
- 单元格的引用
- 设置数据格式
- 模板的使用

5.20.4 解决方案

任务 1 创建工作簿和重命名工作表

（1）启动 Excel 2010，新建一工作簿，以"资产负债表"为名保存在"D:\公司文档\财务部"文件夹中。

（2）重命名工作表。将 Sheet1 工作表重命名为"资产负债表"。

任务 2 输入表格标题

（1）在 B1 单元格中输入表格标题"资产负债表"。

（2）选中 B1:G1 单元格区域，单击【开始】→【对齐方式】→【合并后居中】按钮。

（3）将标题字体格式设置为"隶属"、字号为"20"，字体颜色为"深蓝"，并添加下划线。

任务 3 输入建表日期及单位

（1）在 B2 单元格中输入建立表格的日期"2016 年 8 月 31 日"。

（2）选中 B2:G2 单元格区域，单击【开始】→【对齐方式】→【合并后居中】按钮。

（3）将建表日期的字号设置为 9。

（4）将第 2 行的行高设置为 11。

（5）在 B3 和 G3 单元格中分别输入"单位名称"和"金额单位：　人民币元"。

（6）将光标移到 G 列和 H 列中间，当光标变为"↔"形状时，双击鼠标左键可自动调整 G 列的列宽。

建立好的资产负债表的表头部分如图 5-55 所示。

图 5-55　资产负债表的表头部分效果图

任务 4　输入表格各个字段标题

（1）在 B4:G4、B5:B31 和 E5:E31 单元格区域中输入各个字段的标题。

（2）调整 B 列和 E 列的列宽以使其能完全地显示所有的数据，如图 5-56 所示。

	A	B	C	D	E	F	G
1					资产负债表		
2					2016年8月31日		
3		单位名称					金额单位：人民币元
4		资产	上年数	本年数	负债及所有者权益	上年数	本年数
5		货币资金			短期借款		
6		短期投资			应付票据		
7		应收票据			应付账款		
8		应收账款			预收账款		
9		减:坏账准备			应付工资		
10		应收账款净额			应付福利费		
11		预付账款			应付股利		
12		其他应收款			未交税金		
13		存货			其他未交款		
14		待摊费用			其他应付款		
15		待处理流动资产净损失			预提费用		
16		流动资产合计			一年内到期的长期负债		
17		长期投资			流动负债合计		
18		固定资产原值			长期借款		
19		减:累计折旧			应付债券		
20		固定资产净值			长期应付款		
21		固定资产清理			其他长期负债		
22		专项工程支出			长期负债合计		
23		待处理固定资产净损失			递延税款贷项		
24		固定资产合计			负债合计		
25		无形资产			实收资本		
26		递延资产			资本公积		
27		其他长期资产			盈余公积		
28		固定及无形资产合计			其中:公益金		
29		递延税款借项			未分配利润		
30					所有者权益合计		
31		资产总计			负债及所有者权益合计		
32							

图 5-56　输入表格各个字段标题以及调整列宽

任务 5　输入表格数据

（1）在 C5:D8、C12:D15、C17:D22 和 C25:D25 单元格区域中输入上半年和本年资产类数据。

（2）在 F5:G15、F18:G18 和 F25:G29 单元格区域中输入负债类数据，如图 5-57 所示。

	A	B	C	D	E	F	G
1					资产负债表		
2					2016年8月31日		
3		单位名称					金额单位：人民币元
4		资产	上年数	本年数	负债及所有者权益	上年数	本年数
5		货币资金	502787.46	509669.9	短期借款	20000000	20000000
6		短期投资			应付票据		
7		应收票据	1000000	910000	应付账款	20602823.42	21073949.17
8		应收账款	6282250.07	8823919.24	预收账款		
9		减:坏账准备			应付工资	465772.2	568852
10		应收账款净额			应付福利费	458035.73	425463.39
11		预付账款			应付股利	805020.25	805020.25
12		其他应收款	2507120.1	2098326.76	未交税金	139109.39	1167322.4
13		存货	5060676.84	5509392.21	其他未交款	4757.75	16528.88
14		待摊费用		1722	其他应付款	743295.67	477297.86
15		待处理流动资产净损失	23427308.42	24238186.17	预提费用	2324.01	441.1
16		流动资产合计			一年内到期的长期负债		
17		长期投资	14690000	14690000	流动负债合计		
18		固定资产原值	23597672.95	22904721.56	长期借款	9770481.36	9770481.36
19		减:累计折旧	2010315.44	1141361.59	应付债券		
20		固定资产净值	21587357.51	21763359.97	长期应付款		
21		固定资产清理		132351.57	其他长期负债		
22		专项工程支出		335321.39	长期负债合计		
23		待处理固定资产净损失			递延税款贷项		
24		固定资产合计			负债合计		
25		无形资产	13576114.16	13303453.24	实收资本	30000000	30000000
26		递延资产			资本公积	831780.66	992205.6
27		其他长期资产			盈余公积	479609.16	1209659.24
28		固定及无形资产合计			其中:公益金		
29		递延税款借项			未分配利润	4330604.96	5808481.2
30					所有者权益合计		
31		资产总计			负债及所有者权益合计		
32							

图 5-57　输入"资产负债表"数据

如果有需要，可以调整相应的列宽以便能完全地显示所有的数据。

任务6 设置单元格数字格式

（1）选中 C5:D31 单元格区域，按住【Ctrl】键，再选中 F5:G31 单元格区域。

（2）单击【开始】→【单元格格式】→【格式】按钮，从弹出的格式下拉菜单中选择【设置单元格格式】选项，打开"设置单元格格式"对话框。

（3）单击"数字"选项卡，从"分类"列表中选择"数值"，并选中【使用千位分隔符】复选框，如图 5-58 所示。

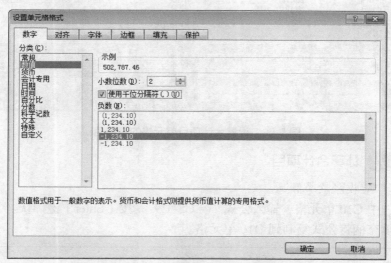

图 5-58 "设置单元格格式"对话框

（4）单击【确定】按钮，完成格式设置。

任务7 设置表格格式

（1）选中 B4:G4 单元格区域，设置选定区域的背景为"蓝色"、字体为"白色"、居中对齐。

（2）选中 B4:G31 单元格区域，设置单元格区域的外边框为蓝色双实线、内框线为蓝色虚线。

任务8 设置合计项目单元格格式

（1）选中 B10:D10、B16:D16、B24:D24、B28:D28、B31:D31、E17:G17、E22:G22、E24:G24 和 E30:G31 单元格区域。

（2）将选定的单元格区域设置为"水绿色，强调文字颜色 5，淡色 60%"填充色，如图 5-59 所示。

（3）选中 B10、B16、B24、B28、B31、E17、E22、E24 单元格和 E30:G31 单元格区域，将其设置为居中对齐。

资产	上年数	本年数	负债及所有者权益	上年数	本年数
货币资金	502787.46	509669.9	短期借款	20000000	20000000
短期投资			应付票据		
应收票据	1000000	910000	应付账款	20602823.42	21073949.17
应收账款	6282250.07	8823919.24	预收账款		
减:坏账准备			应付工资	465772.2	568852
应收账款净额			应付福利费	458035.73	425463.39
预付账款			应付股利	805020.25	805020.25
其他应收款	2507120.1	2098326.76	未交税金	139109.39	1167322.4
存货	5060676.84	5509392.21	其他未交款	4757.75	16528.88
待摊费用			其他应付款	743295.67	477297.86
待处理流动资产净损失	23427308.42	24238186.17	预提费用	2324.01	441.1
流动资产合计			一年内到期的长期负债		
长期投资	14690000	14690000	流动负债合计		
固定资产原值	23597672.95	22904721.56	长期借款	9770481.36	9770481.36
减:累计折旧	2010315.44	1141361.59	应付债券		
固定资产净值	21587357.51	21763359.97	长期应付款		
固定资产清理		132351.57	其他长期负债		
专项工程支出		335321.39	长期负债合计		
待处理固定资产净损失			递延税款贷项		
固定资产合计			负债合计		
无形资产	13576114.16	13303453.24	实收资本	30000000	30000000
递延资产			资本公积	831780.66	992205.6
其他长期资产			盈余公积	479609.16	1209659.24
固定及无形资产合计			其中:公益金		
递延税款借项			未分配利润	4330604.96	5808481.2
			所有者权益合计		
资产总计			负债及所有者权益合计		

图 5-59　设置合计项目单元格的填充色

任务 9　计算合计项目

（1）计算"应收账款净额"。

① 单击选中 C10 单元格，输入公式 "= C8-C9"，按【Enter】键确认。

② 使用填充柄将公式复制到 D10 单元格。

活力小贴士

应收账款净额 = 应收账款-坏账准备。

（2）计算"流动资产合计"。

① 单击选中 C16 单元格，输入公式 "= SUM(C5:C7)+SUM(C10:C15)"，按【Enter】键确认。

② 使用填充柄将公式复制到 D16 单元格。

活力小贴士

流动资产合计 = 货币资金+短期投资+应收票据+应收账款净额+预付账款+其他应收款+存货+待摊费用+待处理流动资产净损失。

（3）计算"固定资产合计"。

① 单击选中 C24 单元格，输入公式 "= SUM(C20:C23)"，按【Enter】键确认。

② 使用填充柄将公式复制到 D24 单元格。

活力
小贴士

固定资产合计=固定资产净值+固定资产清理+专项工程支出+待处理固定资产净损失。

（4）计算"固定及无形资产合计"。

① 单击选中 C28 单元格，输入公式"= SUM(C24:C27)"，按【Enter】键确认。

② 使用填充柄将公式复制到 D28 单元格。

活力
小贴士

固定及无形资产合计 = 固定资产合计+无形资产+递延资产+其他长期资产。

（5）计算"资产总计"。

① 单击选中 C31 单元格，输入公式"= SUM(C16,C17,C28,C29)"，按【Enter】键确认。

② 使用填充柄将公式复制到 D31 单元格，此时，D31 单元格的右下角会出现"自动填充选项"按钮，单击其右下角的下拉按钮，从弹出的选项中选择"不带格式填充"。

活力
小贴士

资产总计 = 流动资产合计+长期投资+固定及无形资产合计+递延税款借项。

计算完成后的资产类数据结果如图 5-60 所示。

	资产	上年数	本年数	负债及所有者权益	上年数	本年数
			资产负债表			
			2016年8月31日			
	单位名称				金额单位：人民币元	
	货币资金	502,787.46	509,669.90	短期借款	20,000,000.00	20,000,000.00
	短期投资			应付票据		
	应收票据	1,000,000.00	910,000.00	应付账款	20,602,823.42	21,073,949.17
	应收账款	6,282,250.07	8,823,919.24	预收账款		
	减:坏帐准备			应付工资	465,772.20	568,852.00
	应收账款净额	6,282,250.07	8,823,919.24	应付福利费	458,035.73	425,463.39
	预付账款			应付股利	805,020.25	805,020.25
	其他应收款	2,507,120.10	2,098,326.76	未交税金	139,109.39	1,167,322.40
	存货	5,060,676.84	5,509,392.21	其他未交款	4,757.75	16,528.88
	待摊费用		1,722.00	其他应付款	743,295.67	477,297.86
	待处理流动资产净损失	23,427,308.42	24,238,186.17	预提费用	2,324.01	441.10
	流动资产合计	38,780,142.89	42,091,216.28	一年内到期的长期负债		
	长期投资	14,690,000.00	14,690,000.00	流动负债合计		
	固定资产原值	23,597,672.95	22,904,721.56	长期借款	9,770,481.36	9,770,481.36
	减:累计折旧	2,010,315.44	1,141,361.59	应付债券		
	固定资产净值	21,587,357.51	21,763,359.97	长期应付款		
	固定资产清理		132,351.57	其他长期负债		
	专项工程支出		335,321.39	长期负债合计		
	待处理固定资产净损失			递延税款贷项		
	固定资产合计	21,587,357.51	22,231,032.93	负债合计		
	无形资产	13,576,114.16	13,303,453.24	实收资本	30,000,000.00	30,000,000.00
	递延资产			资本公积	831,780.66	992,205.60
	其他长期资产			盈余公积	479,609.16	1,209,659.24
	固定及无形资产合计	35,163,471.67	35,534,486.17	其中:公益金		
	递延税款借项			未分配利润	4,330,604.96	5,808,481.20
				所有者权益合计		
	资产总计	88,633,614.56	92,315,702.45	负债及所有者权益合计		

图 5-60　计算完资产类数据结果

（6）计算"流动负债合计"。

① 单击选中 F17 单元格，输入公式 " = SUM(F5:F16)"，按【Enter】键确认。

② 使用填充柄将公式复制到 G17 单元格，此时，G17 单元格的右下角会出现"自动填充选项"按钮，单击其右下角的下拉按钮，从弹出的选项中选择"不带格式填充"。

**活力
小贴士**

流动负债合计=短期借款+应付票据+应付账款+预收账款+应付工资+应付福利费+应付股利+未交税金+其他未交款+其他应付款+预提费用+一年内到期的长期负债。

（7）计算"长期负债合计"。

① 单击选中 F22 单元格，输入公式 " = SUM(F18:F21)"，按【Enter】键确认。

② 使用填充柄将公式复制到 G22 单元格，此时，G22 单元格的右下角会出现"自动填充选项"按钮，单击其右下角的下拉按钮，从弹出的选项中选择"不带格式填充"。

**活力
小贴士**

长期负债合计=长期借款+应付债券+长期应付款+其他长期负债。

（8）计算"负债合计"。

① 单击选中 F24 单元格，输入公式 " = SUM(F17,F22:F23)"，按【Enter】键确认。

② 使用填充柄将公式复制到 G24 单元格，此时，G24 单元格的右下角会出现"自动填充选项"按钮，单击其右下角的下拉按钮，从弹出的选项中选择"不带格式填充"。

**活力
小贴士**

负债合计=流动负债合计+长期负债合计+递延税款贷项。

（9）计算"所有者权益合计"。

① 单击选中 F30 单元格，输入公式 " = SUM(F25:F27,F29)"，按【Enter】键确认。

② 使用填充柄将公式复制到 G30 单元格，此时，G30 单元格的右下角会出现"自动填充选项"按钮，单击其右下角的下拉按钮，从弹出的选项中选择"不带格式填充"。

**活力
小贴士**

所有者权益合计=实收资本+资本公积+盈余公积+未分配利润。

（10）计算"负债及所有者权益合计"。

① 单击选中 F31 单元格，输入公式 " = SUM(F24,F30)"，按【Enter】键确认。

② 使用填充柄将公式复制到 G31 单元格，此时，G31 单元格的右下角会出现"自动填充选项"按钮 ，单击其右下角的下拉按钮，从弹出的选项中选择"不带格式填充"。

活力小贴士

负债及所有者权益合计=负债合计+所有者权益合计。

计算完成后的数据结果如图 5-54 所示。

5.20.5　项目小结

本项目通过制作公司的"资产负债表"，介绍了利用公式和函数等方法来协助制作资产负债表。在 Excel 中，除了直接输入之外，还可以利用模板来生成所在行业的各类标准报表，再根据各个企业的自身特点进行修改和完善。

5.20.6　拓展项目

1. 制作公司"损益表"

公司"损益表"如图 5-61 所示。

	A	B	C	D	E
1		**损益表**			
2		2016年8月31			
3		单位名称		金额单位：人民币元	
4		项目名称	上年数	本年数	
5		一、主营业务收入	35,671,239.78	40,661,764.32	
6		减：主营业务成本	31,992,135.88	33,969,413.03	
7		主营业务税金及附加	1,177,817.68	1,354,036.74	
8		二、主营业务利润	2,501,286.22	5,338,314.55	
9		加：其他业务利润	32,901.00		
10		减：营业费用			
11		管理费用	1,812,699.24	1,353,908.78	
12		财务费用	466,649.72	234,215.26	
13		三、营业利润	254,838.26	3,750,190.51	
14		加：投资收益			
15		补贴收入			
16		营业外收入			
17		减：营业外支出	53,929.00	99,940.11	
18		四、利润总额	200,909.26	3,650,250.40	
19		减：所得税	68,396.47	1,341,838.20	
20		五、净利润	132,512.79	2,308,412.20	
21		加：年初未分配利润			
22		其他转入			
23		六、可供分配的利润	132,512.79	2,308,412.20	
24		减：提取法定盈余公积			
25		提取法定公益金			
26		提取职工奖励及福利基金			
27		提取储备基金			
28		提取企业发展基金			
29		利润归还投资			
30		七、可供投资者分配的利润	132,512.79	2,308,412.20	
31		减：应付优先股股利			
32		提取任意盈余公积			
33		应付普通股股利			
34		转作资本的普通股股利			
35		八、未分配利润	132,512.79	2,308,412.20	
36					

图 5-61　损益表

2. 利用 Excel 提供的模板制作公司的差旅报销单

差旅费报销单如图 5-62 所示。

公司差旅费报销单

填表日期：2016年8月7日

出差人姓名		柏国力		所属部门		物流部		
出 差 地 点		西安						
起 止 日 期		自： 2016年7月31日	至： 2016年8月3日		出差天数	4	天	
出 差 事 由		参加会议						
交通及住宿费	种 类	票据张数	开支金额	核准金额	出差补助费	出差地点	天 数	标 准	金 额
	车 船 费	8	¥2,450.00	¥2,450.00		西安	3	¥120.00	¥360.00
	市内交通费	6	¥125.00	¥125.00					
	住 宿 费	1	¥480.00	¥480.00					
	餐 费	3	¥230.00	¥230.00					
	其 他	1	¥400.00	¥400.00					
	小 计	19	¥3,685.00	¥3,685.00		小 计			¥360.00
金额合计		（大写） 肆仟零肆拾伍元整				¥ 4,045.00	元	
报 销 结 算 情 况								
原出差借款		¥2,000.00		报销金额		¥4,045.00		
退 回 金 额				补发金额		¥2,045.00		

申请人： 部门经理： 总经理： 出纳： 复核：

图 5-62 差旅报销单